U0533402

生当优秀

周国平 著

中国盲文出版社
求真出版社

图书在版编目（CIP）数据

生当优秀（大字版）/周国平著．—北京：求真出版社，2012.1
ISBN 978－7－80258－165－4

Ⅰ．①生… Ⅱ．①周… Ⅲ．①成功心理—通俗读物
Ⅳ．①B848.4－49

中国版本图书馆 CIP 数据核字（2011）第 278709 号

生 当 优 秀

著　　者：	周国平
策　　划：	张　伟
责任编辑：	包国红
出版发行：	求真出版社
社　　址：	北京市西城区太平街甲 6 号
邮政编码：	100050
印　　刷：	北京汇林印务有限公司
经　　销：	新华书店
开　　本：	787×1092　1/16
字　　数：	150 千字
印　　张：	18.5
版　　次：	2013 年 3 月第 1 版　2013 年 3 月第 1 次印刷
书　　号：	ISBN 978－7－80258－165－4/B・18
定　　价：	29.00 元

编辑热线：（010）83190265
销售服务热线：（010）83190297　83190289　83190292

版权所有　侵权必究　　　　　　　　印装错误可随时退换

序

人生在世，首先应当追求的是优秀，而非成功。成为一个优秀的人，在此前提下，不妨把成功当做副产品来争取。这个认识，是许多先哲前贤用他们的言行教给我的，成了指引我走人生之路的牢固信念。

所谓优秀，是在人性的意义上说的，就是要把人之为人的禀赋发展得尽可能的好，把人性的品质在自己身上实现出来。按照我的理解，可以把这些品质概括为四项，即善良的生命、丰富的心灵、自由的头脑、高贵的灵魂。

中国盲文出版社（求真出版社）的编辑拟定了《生当优秀》这个题目，按照上述四个方面，从我的作品中摘选相关的内容，编成了这本语录体的小书。当然，我对所选的内容作了必要的调整。我希望，在成功和财富成为最响亮词汇的今天，这本小书能有助于另一种价值观的传播。

周国平

目 录

序 / 1

第一篇　善良的生命

生命 … 2

享受 … 9

同情 … 13

爱 … 18

爱与孤独 … 26

性与爱 … 33

爱情 … 42

伴侣之情 … 62

亲子之情 … 68

友谊 … 74

第二篇　丰富的心灵

心灵 … 79

安静 … 88

闲适 … 92
简单 … 96
超脱 … 99
自足 … 104
幸福 … 108
苦难 … 115
沉默 … 125
孤独 … 130
沟通 … 137

第三篇　自由的头脑

思想 … 142
智慧 … 148
阅读 … 153
教育 … 163
文化 … 169
天才 … 174
创造 … 183
成功 … 188
幽默 … 195

真实 ··· 200
处世 ··· 204
名声 ··· 209
角色 ··· 214

第四篇　高贵的灵魂

灵魂 ··· 219
理想 ··· 228
追求 ··· 234
坚守 ··· 241
信仰 ··· 246
道德 ··· 257
尊严 ··· 268
人性 ··· 274
人生 ··· 281

第一篇　善良的生命

"生命"是一个美丽的词，但它的美被琐碎的日常生活掩盖住了。我们活着，可是我们并不是时时对生命有所体验的。相反，这样的时候很少。大多数时候，我们倒是像无生命的机械一样活着。

生 命

　　生命究竟是自然的产物，还是上帝的创造，这并不重要。重要的是用你的心去感受这奇迹。于是，你便会懂得欣赏大自然中的生命现象，用它们的千姿百态丰富你的心胸。于是，你便会善待一切生命，从每一个素不相识的人，到一头羚羊，一只昆虫，一棵树，从心底里产生万物同源的亲近感。于是，你便会怀有一种敬畏之心，敬畏生命，也敬畏创造生命的造物主，不管人们把它称作神还是大自然。

　　生命是我们最珍爱的东西，它是我们所拥有的一切的前提，失去了它，我们就失去了一切。生命又是我们最忽略的东西，我们对于自己拥有它实在太习以为常了，而一切习惯了的东西都容易被我们忘记。

　　往往是当我们的生命真正受到威胁的时候，我们才幡然醒悟，生命的不可替代的价值才凸现在我们眼前。但是，有时候醒悟已经为时太晚，损失已经不可挽回。

　　每一个人对于自己的生命，第一有爱护它的责任，第二有享受它的权利。这两方面是统一的。在我看来，世上有两种人对自己的生命最不知爱护也最不善享受，其一是工作狂，其二是纵欲者，他们其实是在以不同的方式透支和榨取生命。

生命是最基本的价值。一个最简单的事实是，每个人只有一条命。在无限的时空中，再也不会有同样的机会，所有因素都恰好组合在一起，来产生这一个特定的个体。一旦失去生命，没有人能够活第二次。同时，生命又是人生其他一切价值的前提，没有了生命，其他一切都无从谈起。

有些人一辈子只把自己当做了赚钱或赚取其他利益的机器，何尝把自己当做生命来珍惜。有些人更是只用利害关系的眼光估量一切他人的价值，何尝有过一个生命对其他一切生命的深切关爱的体验。

在当今的时代，其他种种次要价值取代生命成了人生的主要目标乃至唯一目标，人们耗尽毕生精力追逐金钱、权力、名声、地位，从来不问一下这些东西是否使生命获得了真正满足，生命真正需要的是什么。

我们不可避免地生活在一个功利的世界上，人人必须为生存而奋斗，这一点决定了生命本身的要求在一定程度上遭到忽视的必然性。然而，我们可以也应当减少这个程度，为生命争取尽可能大的空间。

自然赋予人的一切生命欲望皆无罪，禁欲主义最没有道理。我们既然拥有了生命，当然有权享受它。但是，生命欲望和物欲是两回事。一方面，生命本身对于物质资料的需要是有限的，物欲决非生命本身之需，而是社会刺激起来的。另一方面，生命享受的疆域无比宽广，相比之下，物欲的满足就太狭窄了。因此，那些只把生命用来追求物质的人，实际上既怠慢了自己生命的真正需要，也剥夺了自己生命享受的广阔疆域。

衡量一个人生命质量的高低，可以有许多标准。在一切标准之中，我始终不放过两个最重要的标准，一是看他有无健康的生命本能，二是看他有无崇高的精神追求。在我看来，这是生命质量的两个基本要素。没有健康的生命本能，委靡不振，表明生命质量低下。没有崇高的精神追求，随波逐流，也表明生命质量低下。

每个人在世上都只有活一次的机会，没有任何人能够代替他重新活一次。如果这唯一的一次人生虚度了，也没有任何人能够真正安慰他。

在某种意义上，人世间各种其他的责任都是可以分担或转让的，唯有对自己人生的责任，每个人都只能完全由自己来承担，一丝一毫依靠不了别人。一个不知对自己的人生负有什么责任的人，他甚至无法弄清他在世界上的责任是什么。

"生命"是一个美丽的词，但它的美被琐碎的日常生活掩盖住了。我们活着，可是我们并不是时时对生命有所体验的。相反，这样的时候很少。大多数时候，我们倒是像无生命的机械一样活着。

"生命本来没有名字"——这话说得多么好！我们降生到世上，有谁是带着名字来的？又有谁是带着头衔、职位、身份、财产来的？可是，随着我们长大，越来越深地沉溺于俗务琐事，已经很少有人能记起这个最单纯的事实了。我们彼此以名字相见，名字又与头衔、身份、财产之类相联，结果，在这些寄生物的缠绕之下，生命本身隐匿了，甚至萎缩了。无论对己对人，生命的感觉都日趋麻痹。多数时候，我们只是作为一个称谓活在世上。

我是，你是，每一个人都是一个多么普通又多么独特的生命，原本无名无姓，却到底可歌可泣。我、你、每一个生命都是那么偶然地来到这个世界上，完全可能不降生，却毕竟降生了，然后又将必然地离去。想一想世界在时间和空间上的无限，每一个生命的诞生的偶然，怎能不感到一个生命与另一个生命的相遇是一种奇迹呢。

世上什么都能重复，恋爱可以再谈，配偶可以另择，身份可以炮制，钱财可以重挣，甚至历史也可以重演，唯独生命不能。愈是精微的事物愈不可重复，所以，与每一个既普通又独特的生命相比，包括名声、地位、财产在内的种种外在遭遇实在粗浅得很。

人们追求幸福，其实，还有什么时刻比那些对生命的体验最强烈最鲜明的时刻更幸福呢？当我感觉到自己的肢体和血管里布满了新鲜的、活跃的生命之时，我的确认为，此时此刻我是世上最幸福的人了。

生命害怕单调甚于害怕死亡，仅此就足以保证它不可战胜了。它为了逃避单调必须丰富自己，不在乎结局是否徒劳。

我不相信一种哲学认识能够摧毁一个人的求生本能。而只要求生本能犹存，在这世界上还有所爱恋，一个人就不会单单因为一种哲学原因自杀。即使对终极价值的信仰已经破灭，他还会受求生本能的驱使，替自己建立起一些非终极的价值，并依靠它们生存下去。

有无爱的欲望，能否感受生的乐趣，归根到底是一个内在的生命力的问题。

热爱生命是幸福之本，同情生命是道德之本，敬畏生命是信仰之本。人生的意义，在世俗层次上即幸福，在社会层次上即道德，在超越层次上即信仰，皆取决于对生命的态度。

幸福是对生命的享受，对生命种种美好经历的体验，当然要以热爱生命为前提。哀莫大于心死，一个人内在生命力枯竭，就不会再有什么事情能使他感到幸福了。

浮生若梦，何妨就当它是梦，尽兴地梦它一场？世事如云，何妨就当它是云，从容地观它千变？

文化是生命的花朵。离开生命本原，文化不过是人造花束，中西文化之争不过是绢花与塑料花之争。

文化是生命的表达形式。当文化不能表达生命、反而压抑生命的时候，生命的紧张感就增大。这时候，需要改变旧文化，创造新文化，以重新表达生命。但文化的改造不必从文化开始，有时候，直接表达生命的紧张感、危机感，这种表达本身就形成了一种新的文化。

享 受

人生有许多出于自然的享受，例如爱情、友谊、欣赏大自然、艺术创造等等，其快乐远非虚名浮利可比，而享受它们也并不需要太多的物质条件。我把这类享受称作对生命本身的享受。

愈是自然的东西，就愈是属于我的生命本质，愈能牵动我的至深的情感，例如，女人和孩子。

有人说："有钱可以买时间。"这话当然不错。但是，如果大前提是"时间就是金钱"，买得的时间又追加为获取更多金钱的资本，则一生劳碌便永无终时。

所以，应当改变大前提：时间不仅是金钱，更是生命，而生命的价值是金钱无法衡量的。

人们不妨赞美清贫，却不可讴歌贫困。人生的种种享受需要好的心境，而贫困会剥夺好的心境，足以扼杀生命的大部分乐趣。金钱的好处便是使人免于贫困。

只有一次的生命是人生最宝贵的财富，但许多人宁愿用它来换取那些次宝贵或不甚宝贵的财富，把全部生命耗费在学问、名声、权力或金钱的积聚上。他们临终时当如此悔叹："我只是使用了生命，而不曾享受生命！"

"知足长乐"是中国的古训，我认为在金钱的问题上，这句话是对的。以挣钱为目的，挣多少算够了，这个界限无法确定。事实上，凡是以挣钱为目的的人，他永远不会觉得够了，因为富了终归可以更富，一旦走上了这条路，很少有人能够自己停下来。

判断一个人是金钱的奴隶还是金钱的主人，不能看他有没有钱，而要看他对金钱的态度。正是当一个人很有钱的时候，我们能够更清楚地看出这一点来。一个穷人必须为生存而操心，金钱对他意味着活命，我们无权评判他对金钱的态度。

金钱，消费，享受，生活质量——当我把这些相关的词排列起来时，我忽然发现它们好像有一种递减关系：金钱与消费的联系最为紧密，与享受的联系要弱一些，与生活质量的联系就更弱。因为至少，享受不限于消费，还包括创造；生活质量不只看享受，还要看承受苦难的勇气。在现代社会里，金钱的力量当然是有目共睹的，但是这种力量肯定没有大到足以修改我们对生活的基本理解。

人活世上，主旨应是享受生活乐趣。从这个意义上理解"玩物"，则"玩物"也可养志，且养的是人生之大志。因它而削弱、冲淡（不必丧失）其余一切较小的志向，例如，在权力、金钱、名声方面的野心，正体现了很高的人生觉悟。

消费和享受不是绝对互相排斥的，有时两者会发生重合。但是，它们之间的区别又是显而易见的。例如，纯粹泄欲的色情活动只是性消费，灵肉与共的爱情才是性的真享受；走马看花式的游览景点只是旅游消费，陶然于山水之间才是大自然的真享受；用电视、报刊、书籍解闷只是文化消费，启迪心智的读书和艺术欣赏才是文化的真享受。

一个看重钱的人，挣钱和花钱都是烦恼，他的心被钱占据，没有给快乐留下多少余地了。天下真正快乐的人，不管他钱多钱少，都必是超脱金钱的人。

癖造不了假。有癖即有个性，哪怕是畸形的个性。有癖的人肯定不会是一个只知吃饭睡觉的家伙。可悲的是，如今有癖之人是越来越少了，交换价值吞没了一切价值，人们无心玩物，而只想占有物。过于急切的占有欲才真正使人丧志，丧失的是人生之大志，即享受生活乐趣的人生本来宗旨。

健康是为了活得愉快，而不是为了活得长久。活得愉快在己，活得长久在天。而且，活得长久本身未必是愉快。

同　情

　　孟子说："恻隐之心，仁之端也。"亚当·斯密说：同情是道德的根源，由之产生两种基本美德，即正义和仁慈。可见中西大哲皆认为，道德是建立在生命与生命的互相同情之基础上的。同样，道德之沦丧，起于同情心之死灭。

　　西哲认为，利己是人的本能，对之不应作道德的判断，只可因势利导。同时，人还有另一种本能，即同情。同情是以利己的本能为基础的，由之出发，推己及人，设身处地替别人想，就是同情了。自己觉得不利的事情，也不对别人做，这叫做正义，相当于孔子所说的"己所不欲，勿施于人"。自己觉得有利的事情，也让别人享受到，这叫做仁慈，相当于孔子所说的"己欲立而立人，己欲达而达人"。

　　在这里，利己和同情两者都不可缺。没有利己，对自己的生命麻木，便如同石头，对别人的生命必冷漠。只知利己，不能推己及人，没有同情，便如同禽兽，对别人的生命必冷酷。

同情他人的前提是爱自己。如果一个人连自己的生命也不爱，他怎么可能对他人的生命有真切的感觉呢？那么他的同情心的麻木就是必然的事了。

利己是生命的第一本能，同情是生命的第二本能，后者由前者派生。所谓同情，就是推己及人，知道别人也是一个有利己之本能的生命，因而不可损人。法治社会的秩序即建立在利己与同情的兼顾之上，其实质通俗地说就是保护利己、惩罚损人，亦即规则下的自由。在一个社会中，如果利己的行为都得到保护，损人的行为都受到惩罚，这样的社会就一定是一个既有活力又有秩序的社会。

同情是人与兽的区别的开端，是人类全部道德的基础。没有同情，人就不是人，社会就不是人待的地方。人是怎么沦为兽的？就是从同情心的麻木和死灭开始的，由此下去可以干一切坏事，成为法西斯，成为恐怖主义者。善良是区分好人与坏人的最初界限，也是最后界限。

如果一个社会普遍缺乏同情心、缺乏善良，或者一部分人邪恶、不善良，而又不受制裁，在这样的环境中，善良的人反而受害，于是不敢善良，这样的社会就不是人待的地方。一个好社会和一个坏社会的最基本的分别，就在于能否给其成员以安全感，而如果普遍缺乏善良或不敢善良，安全感当然无从谈起。

善良来自对生命的感动。看一个人是否善良，我有一个识别标准，就是看他是否喜欢孩子。一个对小生命冷漠的人，他在人性上一定是有问题的。相反，如果一个人看见孩子是情不自禁地喜欢的，即使他有别的种种毛病，我仍相信这个人还是有希望的。

基督教相信生命来自神，佛教不杀生。其实，不必信某一宗教，面对生命的奇迹，敬畏之心油然而生是最自然而然的事情。泰戈尔说："我的主，你的世纪，一个接着一个，来完成一朵小小的野花。"这已经就是信仰了。相反，对生命毫无敬畏之心的人，必与信仰无缘。

生命与生命之间的互相吸引。我设想，在一个绝对荒芜、没有生命的星球上，一个活人即使看见一只苍蝇，或一只老虎，也会发生亲切之感的。

在一个没有生命迹象的地方突然发现生命，人对生命的感动最为强烈，而且很容易上升为一种神圣感。所以，探险家帕克在荒漠里看见一朵蓝色的小花，立即跪了下来，感动地说："天父来过这里。"

浩渺宇宙间，任何一个生灵的降生都是偶然的，离去却是必然的；一个生灵与另一个生灵的相遇总是千载一瞬，分别却是万劫不复。说到底，谁和谁不同是这空空世界里的天涯沦落人？

从茫茫宇宙的角度看，我们每一个人都是无依无靠的孤儿，偶然地来到世上，又必然地离去。正是因为这种根本性的孤独境遇，才有了爱的价值，爱的理由。

如果我们想到与我们一起暂时居住在这颗星球上的任何人，包括我们的亲人，都是宇宙中的孤儿，我们心中就会产生一种大悲悯，由此而生出一种博大的爱心。我相信，爱心最深厚的基础是在这种大悲悯之中，而不是在别的地方。

不管世道如何，世上善良人总归是多数，他们心中最基本的做人准则是任何世风也摧毁不了的。这准则是人心中不熄的光明，凡感觉到这光明的人都知道它的珍贵，因为它是人的尊严的来源，倘若它熄灭了，人就不复是人了。

爱

最强烈的爱都根源于绝望，最深沉的痛苦都根源于爱。

大自然提供的只是素材，唯有爱才能把这素材创造成完美的作品。

只爱自己的人不会有真正的爱，只有骄横的占有。不爱自己的人也不会有真正的爱，只有谦卑的奉献。

如果说爱是一门艺术，那么，恰如其分的自爱便是一种素质，唯有具备这种素质的人才能成为爱的艺术家。

珍惜往事的人也一定有一颗温柔爱人的心。

当我们的亲人远行或故世之后，我们会不由自主地百般追念他们的好处，悔恨自己的疏忽和过错。然而，事实上，即使尚未生离死别，我们所爱的人何尝不是在时时刻刻离我们而去呢？

在平凡的日常生活中，你已经习惯了和你所爱的人的相处，仿佛日子会这样无限延续下去。忽然有一天，你心头一惊，想起时光在飞快流逝，正无可挽回地把你、你所爱的人以及你们共同拥有的一切带走。于是，你心中升起一股柔情，想要保护你的爱人免遭时光劫掠。你还深切感到，平凡生活中这些最简单的幸福也是多么宝贵，有着稍纵即逝的惊人的美……

爱造就丰富的人生。正是通过亲情、性爱、友爱等等这些最具体的爱，我们才不断地建立和丰富了与世界的联系。深深地爱一个人，你藉此所建立的不只是与这个人的联系，而且也是与整个人生的联系。一个从来不曾深爱过的人与人生的联系也是十分薄弱的，他在这个世界上生活，但他会感觉到自己只是一个局外人。爱的经历决定了人生内涵的广度和深度，一个人的爱的经历越是深刻和丰富，他就越是深入和充分地活了一场。

如果说爱的经历丰富了人生，那么，爱的体验则丰富了心灵。不管爱的经历是否顺利，所得到的体验对于心灵都是宝贵的收入。因为爱，我们才有了观察人性和事物的浓厚兴趣。因为挫折，我们的观察便被引向了深邃的思考。一个人历尽挫折而仍葆爱心，正证明了他在精神上足够富有，所以输得起。在这方面，耶稣是一个象征，拿撒勒的这个穷木匠一生宣传和实践爱的教义，直到被钉上了十字架仍不改悔，因此而被世世代代的基督徒信奉为精神上最富有的人，即救世主。

一味沉湎于小爱固然是一种迷妄，以大爱否定小爱也是一种迷妄。大爱者理应不弃小爱，而以大爱赋予小爱以精神的光芒，在爱父母、爱妻子、爱儿女、爱朋友中也体味到一种万有一体的情怀。

一个人只要活着，他的灵魂与肉身就不可能截然分开，在他的尘世经历中处处可以辨认出他的灵魂行走的姿态。唯有到了肉身死亡之时，灵魂摆脱肉身才是自然的，在此之前无论用什么方式强行分开都是不自然的，都是内心紧张和不自信的表现。不错，在一切对尘躯之爱的否定背后都隐藏着一个动机，就是及早割断和尘世的联系，为死亡预作准备。可是，如果遁入空门，禁绝一切生命的欲念，藉此而达于对死亡无动于衷，这算什么彻悟呢？真正的彻悟是在恋生的同时不畏死，始终怀着对亲人的挚爱，而在最后时刻仍能从容面对生死的诀别。

　　人们说爱，总是提出种种条件，埋怨遇不到符合这些条件的值得爱的对象。也许有一天遇到了，但爱仍未出现。那一个城市非常美，我在那里旅游时曾心旷神怡，但离开后并没有梦魂牵绕。那一个女人非常美，我邂逅她时几乎一见钟情，但错过了并没有日思夜想。人们举着条件去找爱，但爱并不存在于各种条件的哪怕最完美的组合之中。爱不是对象，爱是关系，是你在对象身上付出的时间和心血。你培育的园林没有皇家花园美，但你爱的是你的园林而不是皇家花园。你相濡以沫的女人没有女明星美，但你爱的是你的女人而不是女明星。也许你愿意用你的园林换皇家花园，用你的女人换女明星，但那时候支配你的不是爱，而是欲望。

　　我突然感到这样忧伤。我思念着爱我或怨我的男人和女人，我又想到总有一天他们连同他们的爱和怨都不再存在，如此触动我心绪的这小小的情感天地不再存在，我自己也不再存在。我突然感到这样忧伤……

　　一切终将黯淡，唯有被爱的目光镀过金的日子在岁月的深谷里永远闪着光芒。

我爱故我在。

爱是耐心，是等待意义在时间中慢慢生成。

心与心之间的距离是最近的，也是最远的。
到世上来一趟，为不多的几颗心灵所吸引，所陶醉，来不及满足，也来不及厌倦，又匆匆离去，把一点迷惘留在世上。

我乐于承认，在当今这个讲究实际的时代，爱是一种犯傻的能力。可不，犯傻也是一种能力，无此能力的人至多只犯一次傻，然后就学聪明了，从此看破了天下一切男人或女人的真相，不再受爱蒙蔽。而具备这种能力的人即使受挫仍不吸取教训，始终相信世上必有他所寻求的真爱。正是因为仍有这些肯犯傻能犯傻的男女存在，所以寻求真爱的努力始终是有希望的。

爱是一种精神素质，而挫折则是这种素质的试金石。

对于个人来说，最可悲的事情不是在被爱方面受挫，例如失恋、朋友反目等等，而是爱心的丧失，从而失去了感受和创造幸福的能力。对于一个社会来说，爱心的普遍丧失则是可怕的，它的确会使世界变得冷如冰窟，荒凉如沙漠。在这样的环境中，善良的人们不免寒心，但我希望他们不要因此也趋于冷漠，而是要在学会保护自己的同时，仍葆有一颗爱心。应该相信，世上善良的人总是多数，爱心必能唤起爱心。不论个人还是社会，只要爱心犹存，就有希望。

爱的价值在于它自身，而不在于它的结果。结果可能不幸，可能幸福，但永远不会最不幸和最幸福。在爱的过程中间，才会有"最"的体验和想象。

与平庸妥协往往是在不知不觉中完成的。心爱的人离你而去，你一定会痛苦。爱的激情离你而去，你却丝毫不感到痛苦，因为你的死去的心已经没有了感觉痛苦的能力。

人与人之间，部落与部落之间，种族与种族之间，国家与国家之间，为什么会仇恨？因为利益的争夺，观念的差异，隔膜，误会等等。一句话，因为狭隘。一切恨都溯源于人的局限，都证明了人的局限。爱在哪里？就在超越了人的局限的地方。

当我们说到爱的时候，我们往往更多想到的是被爱。我们自觉不自觉地把自己的幸福系于被他人所爱的程度，一旦在这方面受挫，就觉得自己非常不幸。当然，对于我们的幸福来说，被爱是重要的。如果我们得到的爱太少，我们就会觉得这个世界很冷酷，自己在这个世界上很孤单。然而，与是否被爱相比，有无爱心却是更重要的。一个缺少被爱的人是一个孤独的人，一个没有爱心的人则是一个冷漠的人。孤独的人只要具有爱心，他仍会有孤独中的幸福。如雪莱所说，当他的爱心在不理解他的人群中无可寄托时，便会投向花朵、小草、河流和天空，并因此而感受到心灵的愉悦。可是，倘若一个人没有爱心，则无论他表面上的生活多么热闹，幸福的源泉已经枯竭，他那颗冷漠的心是绝不可能真正快乐的。

一个只想被人爱而没有爱人之心的人，其实根本不懂得什么是爱。他真正在乎的也不是被爱，而是占有。

爱心是与占有欲正相反对的东西。爱本质上是一种给予，而爱的幸福就在这给予之中。许多贤哲都指出，给予比得到更幸福。一个明显的证据是亲子之爱，有爱心的父母在照料和抚育孩子的过程中便感受到了极大的满足。在爱情中，也是当你体会到你给你所爱的人带来了幸福之时，你自己才最感到幸福。爱的给予既不是谦卑的奉献，也不是傲慢的施舍，它是出于内在的丰盈的自然而然的流溢，因而是超越于道德和功利的考虑的。尼采说得好："凡出于爱心所为，皆与善恶无关。"爱心如同光源，爱者的幸福就在于光照万物。爱心又如同甘泉，爱者的幸福就在于泽被大地。丰盈的爱心使人像神一样博大，所以，《圣经》里说："神就是爱。"

爱与孤独

人生面临种种二律背反，爱与孤独便是其中之一。个体既要通过爱与类认同，但又不愿完全融入类之中而丧失自身。绝对的自我遗忘和自我封闭都不是幸福，并且也是不可能的。在爱之中有许多烦恼，在孤独之中又有许多悲凉。另一方面呢，爱诚然使人陶醉，孤独也未必不使人陶醉。当最热烈的爱受到创伤而返诸自身时，人在孤独中学会了爱自己，也学会了理解别的孤独的心灵和深藏在那些心灵中的深邃的爱，从而体味到一种超越的幸福。

凡人群聚集之处，必有孤独。我怀着我的孤独，离开人群，来到郊外。我的孤独带着如此浓烈的爱意，爱着田野里的花朵、小草、树木和河流。

原来，孤独也是一种爱。

爱和孤独是人生最美丽的两支曲子，两者缺一不可。无爱的心灵不会孤独，未曾体味过孤独的人也不可能懂得爱。

由于怀着爱的希望，孤独才是可以忍受的，甚至是甜蜜的。当我独自在田野里徘徊时，那些花朵、小草、树木、河流之所以能给我以慰藉，正是因为我隐约预感到，我可能会和另一颗同样爱它们的灵魂相遇。

交往为人性所必需，它的分寸却不好掌握。帕斯卡尔说："我们由于交往而形成了精神和感情，但我们也由于交往而败坏着精神和感情。"我相信，前一种交往是两个人之间的心灵沟通，它是马丁·布伯所说的那种"我与你"的相遇，既充满爱，又尊重孤独；相反，后一种交往则是熙熙攘攘的利害交易，它如同尼采所形容的"市场"，既亵渎了爱，又羞辱了孤独。

相遇是人生莫大的幸运，在此时刻。两颗灵魂仿佛同时认出了对方，惊喜地喊出："是你！"人一生中只要有过这个时刻，爱和孤独便都有了着落。

在最内在的精神生活中，我们每个人都是孤独的，爱并不能消除这种孤独，但正因为由己及人地领悟到了别人的孤独，我们内心才会对别人充满最诚挚的爱。我们在黑暗中并肩而行，走在各自的朝圣路上，无法知道是否在走向同一个圣地，因为我们无法向别人甚至向自己说清心中的圣地究竟是怎样的。然而，同样的朝圣热情使我们相信，也许存在着同一个圣地。作为有灵魂的存在物，人的伟大和悲壮尽在于此了。

在我们的心灵深处，爱和孤独其实是同一种情感，它们如影随形，不可分离。愈是在我们感觉孤独之时，我们便愈是怀有强烈的爱之渴望。也许可以说，一个人对孤独的体验与他对爱的体验是成正比的，他的孤独的深度大致决定了他的爱的容量。

孤独和爱是互为根源的，孤独无非是爱寻求接受而不可得，而爱也无非是对他人之孤独的发现和抚慰。在爱与孤独之间并不存在此长彼消的关系，现实的人间之爱不可能根除心灵对于孤独的体验，而且在我看来，我们也不应该对爱提出这样的要求，因为一旦没有了对孤独的体验，爱便失去了品格和动力。在两个不懂得品味孤独之美的人之间，爱必流于琐屑和平庸。

孤独源于爱，无爱的人不会孤独。

也许孤独是爱的最意味深长的赠品，受此赠礼的人从此学会了爱自己，也学会了理解别的孤独的灵魂和深藏于它们之中的深邃的爱，从而为自己建立了一个珍贵的精神世界。

孤独是人的宿命，它基于这样一个事实：我们每个人都是这世界上一个旋生旋灭的偶然存在，从无中来，又要回到无中去，没有任何人任何事情能够改变我们的这个命运。

是的，甚至连爱也不能。凡是领悟人生这样一种根本性孤独的人，便已经站到了一切人间欢爱的上方，爱得最热烈时也不会做爱的奴隶。

一切爱都基于生命的欲望，而欲望不免造成痛苦。所以，许多哲学家主张节欲或禁欲，视宁静、无纷扰的心境为幸福。但另一些哲学家却认为拼命感受生命的欢乐和痛苦才是幸福，对于一个生命力旺盛的人，爱和孤独都是享受。

爱的反义词不是孤独，也不是恨，而是冷漠。孤独者和恨者都是会爱的，冷漠者却与爱完全无缘。如果说孤独是爱心的没有着落，恨是爱心的受挫，那么，冷漠就是爱心的死灭。无论对于个人来说，还是对于社会来说，真正可怕的是冷漠，它使个人失去生活的意义，使社会发生道德的危机。

当一个孤独寻找另一个孤独时，便有了爱的欲望。可是，两个孤独到了一起就能够摆脱孤独了吗？

孤独之不可消除，使爱成了永无止境的寻求。在这条无尽的道路上奔走的人，最终就会看破小爱的限度，而寻求大爱，或者——超越一切爱，而达于无爱。

爱可以抚慰孤独，却不能也不该消除孤独。如果爱妄图消除孤独，就会失去分寸，走向反面。

分寸感是成熟的爱的标志，它懂得遵守人与人之间必要的距离，这个距离意味着对于对方作为独立人格的尊重，包括尊重对方独处的权利。

人在世上是需要有一个伴的。有人在生活上疼你，终归比没有好。至于精神上的幸福，这只能靠你自己——永远如此。只要你心中的那个美好的天地完好无损，那块新大陆常新，就没有人能夺走你的幸福。

在我的生活中不能没有这样一个伴侣，我和她互相视为命根子，真正感到谁也缺不了谁。我自问是一个很有自我的人，能够欣赏孤独、寂寞、独处的妙趣，但我就是不能没有这样一个伴侣。如果没有，孤独、寂寞、独处就会失去妙趣，我会感到自己孤零零地生活在无边的荒漠中。

独身的最大弊病是孤独，乃至在孤独中死去。可是，孤独既是一种痛苦，也是一种享受，而再好的婚姻也不能完全免除孤独的痛苦，却多少会损害孤独的享受。至于死，任何亲人的在场都不能阻挡它的必然到来，而且死在本质上总是孤独的。

有两种孤独。

灵魂寻找自己的来源和归宿而不可得，感到自己是茫茫宇宙中的一个没有根据的偶然性，这是绝对的、形而上的、哲学性质的孤独。灵魂寻找另一颗灵魂而不可得，感到自己是人世间的一个没有旅伴的漂泊者，这是相对的、形而下的、社会性质的孤独。

前一种孤独使人走向上帝和神圣的爱，或者遁入空门。后一种孤独使人走向他人和人间的爱，或者陷入自恋。

一切人间的爱都不能解除形而上的孤独。然而，谁若怀着形而上的孤独，人间的爱在他眼里就有了一种形而上的深度。当他爱一个人时，他心中会充满佛一样的大悲悯。在他所爱的人身上，他又会发现神的影子。

"有人独倚晚妆楼"——何等有力的引诱！她以醒目的方式提示了爱的缺席。女人一孤独，就招人怜爱了。

相反，在某种意义上，孤独是男人的本分。

当我们知道了爱的难度，或者知道了爱的限度，我们就谈论友谊。当我们知道了友谊的难度，或者知道了友谊的限度，我们就谈论孤独。当然，谈论孤独仍然是一件非常奢侈的事情。

性与爱

人不是木石，有一个血肉之躯，这个血肉之躯有欲望，需要得到满足。人又不仅是动物，有一个灵魂，灵魂要求欲望在一种升华的形式中得到满足，即具有美感，这差不多就是爱了。柏拉图正是在这个意义上把爱情定义为"在美中孕育"。

爱情，作为兽性和神性的混合，本质上是悲剧性的。兽性驱使人寻求肉欲的满足，神性驱使人追求毫无瑕疵的圣洁的美，而爱情则试图把两者在一个具体的异性身上统一起来，这种统一是多么不牢靠啊。由于自身所包含的兽性，爱情必然激发起一种疯狂的占有欲，从而把一个有限的对象当做目的本身。由于自身所包含的神性，爱情又试图在这有限的对象身上实现无限的美——完美。爱情所包含的这种内在的矛盾在心理上造成了多少幻觉和幻觉的破灭，从而在现实生活中导演了多少抛弃和被抛弃的悲剧。

确切地说，爱情不是人性的一个弱点，爱情就是人性，它是两性关系剖面上的人性。凡人性所具有的优点和弱点，它都具有。人性和爱情是注定不能摆脱动物性的根柢的。在人性的国度里，兽性保持着它世袭的领地，神性却不断地开拓新的疆土，大约这就是人性的进步吧。

在精神的、形而上的层面上，爱情是为自己的孤独寻找一个守护者。在世俗的、形而下的层面上，爱情又是由性欲发动的对异性的爱慕。现实中的爱情是这两种冲动的混合，表现为在异性世界里寻找那个守护者。在异性世界里寻找是必然的，找到谁则是偶然的。当一个人不只是把另一个人作为一个异性来爱慕，而且认定她（他）就是那个守护者之时，这就已经是爱情而不仅仅是情欲了。爱情与情欲的区别就在于是否包含了这一至关重要的认定。

也许爱情的困难在于，它要把性质截然不同的两种东西结合在一起，反而使它们混淆不清了。假如一个人看清了那种形而上的孤独是不可能靠性爱解除的，于是干脆放弃这徒劳的努力，把孤独收归己有，对异性只以情欲相求，会如何呢？把性与爱拉扯在一起，使性也变得沉重了。那么，把性和爱分开，不再让它宣告爱或不爱，使它成为一种中性的东西，是否轻松得多？事实证明，结果往往是更加失落，在无爱的性乱中，被排除在外的灵魂愈发成了无家可归的孤魂。人有灵魂，灵魂必寻求爱，这注定了人不可能回到纯粹的动物状态。那么，承受性与爱的悖论便是人的无可避免的命运了。

在爱情中，兼为肉欲对象和审美对象的某一具体异性是目的，而目的的实现便是对这个对象的占有。然而，占有的结果往往是美感的淡化甚至丧失。不管人们怎么赞美柏拉图式的精神恋爱，不占有终归是违背爱情的本性的。"你无论如何要得到它，否则就会痛苦。"当你把异性仅仅当做审美对象加以观照，并不因为你不能占有她而感到痛苦时，你已经超越爱情而进入艺术的境界了。

性爱是人生之爱的原动力。一个完全不爱异性的人不可能爱人生。

食欲引起初级革命，性欲引起高级革命。

人在爱情中自愿放弃意志自由，在婚姻中被迫放弃意志自由。性是意志自由的天敌吗？

也许，性爱中总是交织着爱的对立面——恨，或者惧。拜伦属于前者，歌德属于后者。

调情是轻松的，爱情是沉重的。风流韵事不过是躯体的游戏，至多还是感情的游戏。可是，当真的爱情来临时，灵魂因恐惧和喜悦而颤栗了。

情种爱得热烈，但不专一。君子爱得专一，但不热烈。此事古难全。不过，偶尔有爱得专一的情种，却注定没有爱得热烈的君子。

如果男人和女人之间不再信任和关心彼此的灵魂，肉体徒然亲近，灵魂终是陌生，他们就真正成了大地上无家可归的孤魂了。如果亚当和夏娃互相不再有真情甚至不再指望真情，他们才是真正被逐出了伊甸园。

可能性是人生魅力的重要源泉。如果因为有了爱侣，结了婚，就不再可能与别的可爱的异性相遇，人生未免太乏味了。但是，在我看来，如果你真正善于欣赏可能性的魅力，你就不会怀着一种怕错过什么的急迫心理，总是想要把可能性立即兑现为某种现实性。因为这样做的结果，你表面上似乎得到了许多，实际上却是亲手扼杀了你的人生中一种最美好的可能性。我的意思是说，在你与一切异性的关系之中，不再有产生真正的爱情的可能性，只剩下了唯一的现实性——上床。

除去卖淫和变相的卖淫不说，我不相信一个女人和你在肉体上发生亲昵关系而在感情上却毫无所求。假定一个女人爱上了一个出色的男人，而这个男人譬如说有一百个追求者，那么，她是愿意他与一百个女人都有染，从而她也能占有一份呢，还是宁愿他只爱一人，因而她只有百分之一的获胜机会呢？我相信，在这个测验题目上，绝大多数女人都会作出相同的选择。

爱情是既快乐又严肃的。只有快乐，没有严肃，就只是风流韵事。当然，风流韵事也无不可，只要双方都快乐就行。

人在两性关系中袒露的不但是自己的肉体，而且是自己的灵魂——灵魂的美丽或丑陋，丰富或空虚。一个人对待异性的态度最能表明他的精神品级，他在从兽向人上升的阶梯上处在怎样的高度。

使爱情区别于单纯情欲的那个精神内涵，即为自己的孤独寻找一个守护者的愿望，其实是不可能在某一个异性身上获得最终的实现的，否则就不成其为形而上的了。作为不可能最终实现的愿望，不管当事人是否觉察和肯否承认，它始终保持着开放性，而这正好与多向的性兴趣在形式上相吻合。因此，恋爱中的人完全不能保证，他一定不会从不断吸引他的众多异性中发现另一个人，与现在这个恋人相比，那人才是他梦寐以求的守护者。也因此，他完全无法证明，他对现在这个恋人的感情是真正的爱情而不是化装为爱情的情欲。

性爱的排他性，所欲排除的只是别的同性对手，而不是别的异性对象。它的根据不在性本能中，而在嫉妒本能中。事情够清楚的：自己的所爱再有魅力，也不会把其他所有异性的魅力都排除掉。在不同异性对象身上，性的魅力并不互相排斥。所以，专一的性爱仅是各方为了照顾自己的嫉妒心理而自觉地或被迫地向对方的嫉妒心理作出的让步，是一种基于嫉妒本能的理智选择。

可是，什么是嫉妒呢？嫉妒无非是虚荣心的受伤。

虚荣心的伤害是最大的，也是最小的，全看你在乎的程度。

在性爱中，嫉妒和宽容各有其存在理由。如果你真心爱一个异性，当他（她）与别人发生性爱关系时，你不可能不嫉妒。如果你是一个通晓人类天性的智者，你又不会不对他（她）宽容。这是带着嫉妒的宽容，和带着宽容的嫉妒。二者互相约束，使得你的嫉妒成为一种有尊严的嫉妒，你的宽容也成为一种有尊严的宽容。相反，在此种情境中一味嫉妒，毫不宽容，或者一味宽容，毫不嫉妒，则都是失了尊严的表现。

邂逅的魅力在于它的偶然性和一次性，完全出乎意料，毫无精神准备，两个陌生的躯体突然互相呼唤，两颗陌生的灵魂突然彼此共鸣。但是，倘若这种突发的亲昵长久延续下去，绝大部分邂逅都会变得索然无味了。

性欲旺盛的人并不过分挑剔对象，挑剔是性欲乏弱的结果，于是要用一个理由来弥补这乏弱，这个理由就叫做爱情。

其实，爱情和性欲是两回事。

当然，当性欲和爱情都强烈时，性的体验最佳。

性诱惑的发生以陌生和新奇为前提。两个完全陌生的肉体之间的第一次做爱未必是最狂热或最快乐的，但往往是由最真实的性诱惑引起的。重复必然导致性诱惑的减弱，而倘若当事人试图掩饰这一点，则会出现合谋的虚伪。当然，重复并不排斥会有和谐的配合，甚至仍会有激情的时刻，不过这些成果主要不是来自性诱惑。

在人类文化的发展中，性的羞耻心始终扮演着一个重要的角色。性的羞耻心不只意味着禁忌和掩饰，它更来自对于差异的敏感、兴奋和好奇。在个体发育中，我们同样可以看到，性的羞耻心的萌发是与个人心灵生活的丰富化过程微妙地交织在一起的。

李寿卿《寿阳曲》："金刀利，锦鲤肥，更那堪玉葱纤细。添得醋来风韵美，试尝道怎生滋味。"

醋味三辨：一，醋是爱情这道菜不可缺少的调料，能调出美味佳肴，并使胃口大开；二，一点儿醋不吃的人不解爱情滋味，一点儿醋味不带的爱情平淡无味；三，醋缸打翻，爱情这道菜也就烧砸了。

此曲通篇隐喻，看官自明。

爱 情

给爱情划界时不妨宽容一些，以便为人生种种美好的遭遇保留怀念的权利。

让我们承认，无论短暂的邂逅，还是长久的纠缠，无论相识恨晚的无奈，还是终成眷属的有情，无论倾注了巨大激情的冲突，还是伴随着细小争吵的和谐，这一切都是爱情。每个活生生的人的爱情经历不是一座静止的纪念碑，而是一道流动的江河。当我们回顾往事时，我们自己不必否认、更不该要求对方否认其中任何一段流程、一条支流或一朵浪花。

我不相信人一生只能爱一次，我也不相信人一生必须爱许多次。次数不说明问题。爱情的容量即一个人的心灵的容量。你是深谷，一次爱情就像一道江河，许多次爱情就像许多浪花。你是浅滩，一次爱情只是一条细流，许多次爱情也只是许多泡沫。

一个人的爱情经历并不限于与某一个或某几个特定异性之间的恩恩怨怨，而且也是对于整个异性世界的总体感受。

爱情不是人生中一个凝固的点，而是一条流动的河。这条河中也许有壮观的激流，但也必然会有平缓的流程，也许有明显的主航道，但也可能会有支流和暗流。除此之外，天上的云彩和两岸的景物会在河面上映出倒影，晚来的风雨会在河面上吹起涟漪，打起浪花。让我们承认，所有这一切都是这条河的组成部分，共同造就了我们生命中的美丽的爱情风景。

爱情不论短暂或长久，都是美好的。甚至陌生异性之间毫无结果的好感，定睛的一瞥，朦胧的激动，莫名的惆怅，也是美好的。因为，能够感受这一切的那颗心毕竟是年轻的。生活中若没有邂逅以及对邂逅的期待，未免太乏味了。人生魅力的前提之一是，新的爱情的可能性始终向你敞开着，哪怕你并不去实现它们。如果爱情的天空注定不再有新的云朵飘过，异性世界对你不再有任何新的诱惑，人生岂不太乏味了？

不要以成败论人生，也不要以成败论爱情。
现实中的爱情多半是失败的，不是败于难成眷属的无奈，就是败于终成眷属的厌倦。然而，无奈留下了永久的怀恋，厌倦激起了常新的追求，这又未尝不是爱情本身的成功。

说到底，爱情是超越于成败的。爱情是人生最美丽的梦，你能说你做了一个成功的梦或失败的梦吗？

爱情既是在异性世界中的探险，带来发现的惊喜，也是在某一异性身边的定居，带来家园的安宁。但探险不是猎奇，定居也不是占有。毋宁说，好的爱情是双方以自由为最高赠礼的洒脱，以及决不滥用这一份自由的珍惜。

世上并无命定的姻缘，但是，那种一见倾心、终生眷恋的爱情的确具有一种命运般的力量。

爱情是盲目的，只要情投意合，仿佛就一丑遮百丑。爱情是心明眼亮的，只要情深意久，确实就一丑遮百丑。

一个爱情的生存时间或长或短，但必须有一个最短限度，这是爱情之为爱情的质的保证。小于这个限度，两情无论怎样热烈，也只能算做一时的迷恋，不能称作爱情。

爱情与事业，人生的两大追求，其实质为一，均是自我确认的方式。爱情是通过某一异性的承认来确认自身的价值，事业是通过社会的承认来确认自身的价值。

人们常说，爱情使人丧失自我。但还有相反的情形：爱情使人发现自我。在爱人面前，谁不是突然惊喜地发现，他自己原来还有这么多平时疏忽的好东西？他渴望把自己最好的东西献给爱人，于是他寻找，他果然找到了。呈献的愿望导致了发现。没有呈献的愿望，也许一辈子发现不了。

幸福是难的。也许，潜藏在真正爱情背后的是深沉的忧伤，潜藏在现代式寻欢作乐背后的是空虚。两相比较，前者无限高于后者。

爱情是人生最美丽的梦。倘用理性的刀刃去解析梦，再美丽的梦也会失去它的美。弗洛伊德对梦和性意识的解析就破坏了不少生活的诗意。当然还有另一种情况：生活本身使梦破灭了，这时候，对梦作理性的反省，认清它美的虚幻，其实是一种解脱的手段。我相信毛姆就属于这种情况。

凭人力可以成就和睦的婚姻，得到幸福的爱情却要靠天意。

在现实中，爱往往扮演受难者的角色，因为受难而备受赞美。

对于灵魂的相知来说，最重要的是两颗灵魂本身的丰富以及由此产生的互相吸引，而决非彼此的熟稔乃至明察秋毫。

事实上，世上确无命定姻缘，男女之爱充满着偶然和变易的因素，造成了无数恩怨。因此，爱情上的理想主义是很难坚持到底的。多数人由于自身经验的教训，会变得实际起来，唯求安宁，把注意力转向实利或事功。那些极执著的理想主义者往往会受幻灭感所驱，由情入空，走向虚无主义，如拜伦一样玩世不恭，或如贾宝玉一样看破红尘。

"生命的意义在于爱。"

"不，生命的意义问题是无解的，爱的好处就是使人对这个问题不求甚解。"

一切迷恋都凭借幻觉，一切理解都包含误解，一切忠诚都指望报答，一切牺牲都附有条件。

我爱她，她成了我的一切，除她之外的整个世界似乎都不存在了。

那么，一旦我失去了她，是否就失去了一切呢？

不。恰恰相反，整个世界又在我面前展现了。我重新得到了一切。

未经失恋的人不懂爱情，未曾失意的人不懂人生。

哪怕有情人终成眷属，那陪伴着轮回转世的爱人也永在互相的寻找之中，在互相的寻找之中方有永恒的爱情。

看两人是否相爱，一个可靠尺度是看他们是否互相玩味和欣赏。两个相爱者之间必定是常常互相玩味的，而且是不由自主地要玩，越玩越觉得有味。如果有一天觉得索然无味，毫无玩兴，爱就荡然无存了。

爱情是灵魂的化学反应。真正相爱的两人之间有一种"亲和力"，不断地分解，化合，更新。"亲和力"愈大，反应愈激烈持久，爱情就愈热烈巩固。

优异易夭折，平庸能长寿。爱情何尝不是如此？

初恋的感情最单纯也最强烈，但同时也最缺乏内涵，几乎一切初恋都是十分相像的。因此，尽管人们难以忘怀自己的初恋经历，却又往往发现可供回忆的东西很少。

我相信成熟的爱情是更有价值的，因为它是全部人生经历发出的呼唤。

有一个字，内心严肃的人最不容易说出口，有时是因为它太假，有时是因为它太真。

爱情不风流，爱情是两性之间最严肃的一件事。

爱情不风流，因为它是灵魂的事。真正的爱情是灵魂与灵魂的相遇，肉体的亲昵仅是它的结果。不管持续时间是长是短，这样的相遇极其庄严，双方的灵魂必深受震撼。相反，在风流韵事中，灵魂并不真正在场，一点儿小感情只是肉欲的作料。

爱情不风流，因为它极认真。正因为此，爱情始终面临着失败的危险，如果失败又会留下很深的创伤，这创伤甚至可能终身不愈。热恋者把自己全身心投入对方并被对方充满，一旦爱情结束，就往往有一种被掏空的感觉。风流韵事却无所谓真正的成功或失败，投入甚少，所以退出也甚易。

我赞赏对爱情持不计得失、不计成败的达观态度。不过，你首先要有一个基本判断，就是对方是真爱你还是只想跟你玩玩。在这一点上发生了误解，你迟早会达观不下去的。

事实上，两性之间真正热烈的爱情未必是温馨的。这里无须举出罗密欧与朱丽叶，奥涅金与达吉亚娜，贾宝玉与林黛玉。每一个经历过热恋的人都不妨自问，真爱是否只有甜蜜，没有苦涩，只有和谐，没有冲突，只有温暖的春天，没有炎夏和寒冬？我不否认爱情中也有温馨的时刻，即两情相悦、心满意足的时刻，这样的时刻自有其价值，可是，倘若把它树为爱情的最高境界，就会扼杀一切深邃的爱情所固有的悲剧性因素，把爱情降为平庸的人间喜剧。

比较起来，温馨对于家庭来说倒是一个较为合理的概念。家是一个窝，我们当然希望自己有一个温暖、舒适、安宁、气氛浓郁的窝。不过，我们也该记住，如果爱情要在家庭中继续生长，就仍然会有种种亦悲亦喜的冲突和矛盾。一味地温馨，试图抹去一切不和谐音，结果不是磨灭掉夫妇双方的个性，从而窒息爱情（我始终认为，真正的爱情只能发生在两个富有个性的人之间），就是造成升平的假象，使被掩盖的差异终于演变为不可愈合的裂痕。

人们常说：爱与死。的确，相爱到死，乃至为爱而死，是美好的。但是，为了爱，首先应该活，活着才能爱。我不愿把死浪漫化。死是一切的毁灭，包括爱。上帝的最大罪过是把我们从尘世拽走，又不给我们天国。

使爱我的人感到轻松，更加恋生，这是我对爱的回赠。

无幻想的爱情太平庸，基于幻想的爱情太脆弱，幸福的爱情究竟可能吗？我知道有一种真实，它能不断地激起幻想，有一种幻想，它能不断地化为真实。我相信，幸福的爱情是一种能不断地激起幻想、又不断地被自身所激起的幻想改造的真实。

爱情与良心的冲突只存在于一颗善良的心中。在一颗卑劣的心中，既没有爱情，也没有良心，只有利害的计算。

但是，什么是良心呢？在多数情况下，它仅是对弱者即那失恋的一方的同情罢了。最高的良心是对灵魂行为的责任心，它与真实的爱情是统一的。

在爱情中，双方感情的满足程度取决于感情较弱的那一方的感情。如果甲对乙有十分爱，乙对甲只有五分爱，则他们都只能得到五分的满足。剩下的那五分欠缺，在甲会成为一种遗憾，在乙会成为一种苦恼。

好的爱情有韧性，拉得开，但又扯不断。

相爱者互不束缚对方，是他们对爱情有信心的表现。谁也不限制谁，到头来仍然是谁也离不开谁，这才是真爱。

爱情的专一可以有两种含义，一是热恋时的排他性，二是长期共同生活中彼此相爱的主旋律。

人在爱时都太容易在乎被爱，视为权利，在被爱时又都太容易看轻被爱，受之当然。如果反过来，有爱心而不求回报，对被爱知珍惜却不计较，人就爱得有尊严、活得有气度了。

有一句谚语说："因为爱而爱是神，因为被爱而爱是人。"说得对。人毕竟是人，不是神。所以，不论是谁，不论他（她）多么痴情或多么崇高，如果他的爱长期没有回报，始终不被爱，他的爱是坚持不下去的。

凡正常人，都兼有疼人和被人疼两种需要。在相爱者之间，如果这两种需要不能同时在对方身上获得满足，便潜伏着危机。那惯常被疼的一方最好不要以为，你遇到了一个只想疼人不想被人疼的纯粹父亲型的男人或纯粹母亲型的女人。在这茫茫宇宙间，有谁不是想要人疼的孤儿？

爱一个人，就是心疼一个人。爱得深了，潜在的父性或母性必然会参加进来。只是迷恋，并不心疼，这样的爱还只停留在感官上，没有深入到心窝里，往往不能持久。

爱就是对被爱者怀着一些莫须有的哀怜，做一些不必要的事情：怕她（他）冻着饿着，担心她遇到意外，好好地突然想到她有朝一日死了怎么办，轻轻地抚摸她好像她是病人又是易损的瓷器。爱就是做被爱者的保护人的冲动，尽管在旁人看来这种保护毫无必要。

有爱便有牵挂，而且牵挂得似乎毫无理由，近乎神经过敏。你在大风中行走，无端地便担心爱人的屋宇是否坚固。你在睡梦中惊醒，莫名地便忧虑爱人的旅途是否平安。哪怕爱人比你强韧，你总放不下心，因为在你眼中她（他）永远比你甚至比一切世人脆弱，你自以为比世人也比她自己更了解她，唯有你洞察那强韧外表掩盖下的脆弱。

爱又是一种温柔的呵护。不论男女，真爱的时候必定温柔。爱一个人，就是心疼她，怜她，宠她，所以有"疼爱"、"怜爱"、"宠爱"之说。心疼她，因为她受苦。

怜她，因为她弱小。宠爱她，因为她这么信赖地把自己托付给你。女人对男人也一样。再幸运的女人也有受苦的时候，再强大的男人也有弱小的时候，所以温柔的呵护总有其理由和机会。爱本质上是一种指向弱小者的感情，在爱中，占优势的是提供保护的冲动，而非寻求依靠的需要。如果以寻求强大的靠山为鹄的，那么，正因为再强的强者也有弱的时候和方面，使这种结合一开始就隐藏着破裂的必然性。

爱的确是一种给予和奉献。但是，对于爱者来说，这给予是必需，是内在丰盈的流溢，是一种大满足。温柔也是一种能量，如果得不到释放，便会造成内伤，甚至转化为粗暴和冷酷。好的爱情能使双方的这种能量获得最佳释放，这便是爱情中的幸福境界。

"爱就是奉献"——如果除去这句话可能具有的说教意味，便的确是真理，准确地揭示了爱这种情感的本质。爱是一种奉献的激情，爱一个人，就会遏制不住地想为她（他）做些什么，想使她快乐，而且是绝对不求回报的。爱者的快乐就在这奉献之中，在他所创造的被爱者的快乐之中。最明显的例子是父母对幼仔的爱，推而广之，一切真爱均应如此。可以用这个标准去衡量男女之恋中真爱所占的比重，剩下的就只是情欲罢了。

爱是一种了解的渴望，爱一个人，就会不由自主地想了解她的一切，把她所经历和感受的一切当做最珍贵的财富接受过来，精心保护。如果你和一个异性发生了很亲密的关系，但你并没有这种了解的渴望，那么，我敢断定你并不爱她，你们之间只是又一段风流因缘罢了。

爱就是心疼。可以喜欢许多人，但真正心疼的只有一个。

可以不爱，不可无情。

情人间的盟誓不可轻信，夫妻间的是非不可妄断。

世上痴男怨女一旦翻脸，就斥旧情为假，讨回情书"都扯做纸条儿"，原来自古已然。

情当然有真假之别。但是，真情也可能变化。懂得感情的人珍惜以往一切爱的经历。

如同一切游戏一样，犯规和惩罚也是爱情游戏的要素。当然，前提是犯规者无意退出游戏。不准犯规，或犯了规不接受惩罚，游戏都进行不下去了。

在情场上，两造都真，便刻骨铭心爱一场。两造都假，也无妨逢场作戏玩一场。最要命的是一个真，一个假，就会种下怨恨甚至灾祸了。主动的假，玩弄感情，自当恶有恶报。被动的假，虚与委蛇，也决非明智之举。对于真情，是开不得玩笑，也敷衍不得的。"你若肯时肯、不肯时罢手，休把人空拖逗。"——这是一句忠告。

在崇拜者与被崇拜者之间隔着无限的距离，爱便是走完这个距离的冲动。一旦走完，爱也就结束了。

比较起来，以相互欣赏为基础的爱要牢靠得多。在这种情形下，距离本来是有限的，且为双方所乐于保持，从而形成了一个弹性的场。

爱情的发生需要适宜的情境。彼此太熟悉，太了解，没有了神秘感，就不易发生爱情。当然，彼此过于陌生和隔膜，也不能发生爱情。爱情的发生，在有所接触又不太稔熟之间，既有神秘感，又有亲切感，既能给想象力留出充分余地，又能使吸引力发挥到最满意的程度。

幻想本是爱情不可或缺的因素，太理智、太现实的爱情算不上爱情。最热烈的爱情总是在两个最富于幻想的人之间发生，不过，同样真实的是，他们也最容易感到幻灭。爱情中的理想主义往往导致拜伦式的感伤主义，又进而导致纵欲主义。唐璜有过一千零三个情人，但他仍然没有找到他的"唯一者"，他注定找不到。

强烈的感情经验往往会改变两个热恋者的心理结构，从而改变他们与其他可能的对象之间的关系。犹如经过一次化合反应，他们都已经不是原来的元素，因而很难再与别的元素发生相似的反应了。在这个意义上，一个人一生也许只能有一次震撼心灵的爱情。

恋爱是青春的确证。一个人不管年龄多大，只要还能恋爱，就证明他并不老。

也许每个人在恋爱方面的能量是一个常数，因机遇和性情而或者一次释放，或者分批支出。当然，在不同的人身上，这个常数的绝对值是不同的，差异大得惊人。但是，不论是谁，只要是要死要活地爱过一场，就很难再热恋了。

关汉卿《一半儿·题情》："骂你个俏冤家，一半儿难当一半儿耍。""虽是我话儿嗔，一半儿推辞一半儿肯。"

男女风情，妙在一半儿一半儿的。琢磨透了，哪里还有俏冤家？想明白了，如何还会芳心乱？

与其说有理解才有爱，毋宁说有爱才有理解。爱一个人，一本书，一件艺术品，就会反复玩味这个人的一言一行，这本书的一字一句，这件作品的细枝末节，自以为揣摩出了某种深长意味，于是，"理解"了。

我不知道什么叫爱情。我只知道，如果那张脸庞没有使你感觉到一种甜蜜的惆怅，一种依恋的哀愁，那你肯定还没有爱。

最深邃的爱都是"见人羞，惊人问，怕人知"的，因为一旦公开，就会走样和变味。

你是看不到我最爱你的时候的情形的,因为我在看不到你的时候才最爱你。

"我爱你。"
"不,你只是喜欢我罢了。"她或他哀怨地说。
"爱我吗?"
"我喜欢你。"她或他略带歉疚地说。
在所有的近义词里,"爱"和"喜欢"似乎被掂量得最多,其间的差异被最郑重其事地看待。这时男人和女人都成了最一丝不苟的语言学家。

正像恋爱者夸大自己的幸福一样,失恋者总是夸大自己的痛苦。
在失恋的痛苦中,自尊心的受挫占了很大比重。

艺术、技术、魔术,这是性爱的三种境界。
男女之爱往往从艺术境界开始,靠技术境界维持,到维持不下去时,便转入魔术境界。
恋爱中的男女,谁不是天生的艺术家?他们陶醉在诗的想象中,梦幻的眼睛把情侣的一颦一笑朦胧得意味无穷。一旦结婚,琐碎平凡的日常生活就迫使他们着意练习和睦相处的技巧，家庭稳固与否实赖于此。如果失败，我们的男主角和女主角就可能走火入魔，因其心性高低，或者煞费苦心地互相欺骗，或者心照不宣地彼此宽容。

这也是在性爱上人的三种类型。

不同类型的人在性爱中寻求不同的东西：艺术型的人寻求诗和梦，技术型的人寻求实实在在的家，魔术型的人寻求艳遇、变幻和冒险。

每一类型又有高低雅俗之分。有艺术家，也有爱好艺术的门外汉。有技师，也有学徒工。有魔术大师，也有走江湖的杂耍。

如果命运乱点鸳鸯谱，使不同类型的人相结合，或者使某一类型的人身处与本人类型不合的境界，喜剧性的误会发生了，接着悲剧性的冲突和离异也发生了。

心灵相通，在实际生活中又保持距离，最能使彼此的吸引力耐久。

近了，会厌倦。远了，会陌生。不要走近我，也不要离我远去……

每一个戴绿帽子的丈夫都认为那个插足者远远不如自己，并因此感到深深的屈辱。

如果你喜欢的一个女人没有选择你，而是选择了另一个男人，你所感到的嫉妒有三种情形：

第一，如果你觉得那个情敌比你优秀，嫉妒便伴随着自卑，你会比以往任何时候更为自己的弱点而痛苦。

第二，如果你觉得自己与那个情敌不相上下，嫉妒便伴随着委屈，你会强烈地感到自己落入了不公平的境地。

第三，如果你觉得那个情敌比你差，嫉妒便伴随着蔑视，你会因为这个女人的鉴赏力而降低对她的评价。

人大约都这样：自己所爱的人，如果一定要失去，宁愿给上帝或魔鬼，也不愿给他人。

伴侣之情

喜新厌旧乃人之常情,但人情还有更深邃的一面,便是恋故怀旧。一个人不可能永远年轻,终有一天会发现,人生最值得珍惜的乃是那种历尽沧桑始终不渝的伴侣之情。在持久和谐的婚姻生活中,两个人的生命已经你中有我,我中有你,血肉相连一般地生长在一起了。共同拥有的无数细小珍贵的回忆犹如一份无价之宝,一份仅仅属于他们两人无法转让他人也无法传之子孙的奇特财产。说到底,你和谁共有这一份财产,你也就和谁共有了今生今世的命运。与之相比,最浪漫的风流韵事也只成了过眼烟云。

人的心是世上最矛盾的东西,它有时很野,想到处飞,但它最平凡最深邃的需要却是一个憩息地,那就是另一颗心。倘若你终于找到了这另一颗心,当知珍惜,切勿伤害它。历尽人间沧桑,遍阅各色理论,我发现自己到头来信奉的仍是古典的爱情范式:真正的爱情必是忠贞专一的。惦着一个人并且被这个人惦着,心便有了着落,这样活着多么踏实。与这种相依为命的伴侣之情相比，一切风流韵事都显得何其虚飘。

大千世界里，许多浪漫之情产生了，又消失了。可是，其中有一些幸运地活了下来，成熟了，变成了无比踏实的亲情。好的婚姻使爱情走向成熟，而成熟的爱情是更有分量的。当我们把一个异性唤做恋人时，是我们的激情在呼唤。当我们把一个异性唤做亲人时，却是我们的全部人生经历在呼唤。

爱情不风流，它是两性之间最严肃的一件事。风流韵事频繁之处，往往没有爱情。爱情也未必浪漫，浪漫只是爱情的早期形态。在浪漫结束之后，一个爱情是随之结束，还是推进为亲密持久的伴侣之情，最能见出这个爱情的质量的高低。

夫妇之间，亲子之间，情太深了，怕的不是死，而是永不再聚的失散，以至于真希望有来世或者天国。佛教说诸法因缘生，教导我们看破无常，不要执著。可是，千世万世只能成就一次的佳缘，不管是遇合的，还是修来的，叫人怎么看得破。

每当看见老年夫妻互相搀扶着，沿着街道缓缓地走来，我就禁不住感动。他们的能力已经很微弱，不足以给别人以帮助。他们的魅力也已经很微弱，不足以吸引别人帮助他们。于是，就用衰老的手臂互相搀扶着，彼此提供一点儿尽管太少但极其需要的帮助。年轻人结伴走向生活，最多是志同道合。老年人结伴走向死亡，才真正是相依为命。

家是一只小小的船，却要载我们穿过多么漫长的岁月。岁月不会倒流，前面永远是陌生的水域，但因为乘在这只熟悉的船上，我们竟不感到陌生。四周时而风平浪静，时而波涛汹涌，但只要这只船是牢固的，一切都化为美丽的风景。人世命运莫测，但有了一个好家，有了命运与共的好伴侣，莫测的命运仿佛也不复可怕。

凡是经历过远洋航行的人都知道，一旦海平线上出现港口朦胧的影子，寂寞已久的心会跳得多么欢快。如果没有一片港湾在等待着拥抱我们，无边无际的大海岂不令我们绝望？在人生的航行中，我们需要冒险，也需要休憩，家就是供我们休憩的温暖的港湾。在我们的灵魂被大海神秘的涛声陶冶得过分严肃以后，家中琐屑的噪音也许正是上天安排来放松我们精神的人间乐曲。

不要说"赤条条来去无牵挂"。至少，我们来到这个世界，是有一个家让我们登上岸的。当我们离去时，我们也不愿意举目无亲，没有一个可以向之告别的亲人。倦鸟思巢，落叶归根，我们回到故乡故土，犹如回到从前靠岸的地方，从这里启程驶向永恒。我相信，如果灵魂不死，我们在天堂仍将怀念留在尘世的这个家。

人是一种很贪心的动物，他往往想同时得到彼此矛盾的东西。譬如说，他既想要安宁，又想要自由，既想有一个温暖的窝，又想作浪漫的漂流。他很容易这山望那山高，不满足于既得的这一面而向往未得的那一面，于是便有了进出"围城"的迷乱和折腾。不过，就大多数人而言，是宁愿为了安宁而约束一下自由的。一度以唾弃家庭为时髦的现代人，现在纷纷回归家庭，珍视和谐的婚姻，也正证明了这一点。

人终究是一种社会性的动物，而作为社会之细胞的家庭能使人的社会天性得到最经常最切近的满足。家庭是人类一切社会组织中最自然的社会组织，是把人与大地、与生命的源头联结起来的主要纽带。有一个好伴侣，筑一个好窝，生儿育女，恤老抚幼，会给人一种踏实的生命感觉。无家的人倒是一身轻，只怕这轻有时难以承受，容易使人陷入一种在这世上没有根基的虚无感觉之中。

家不仅仅是一个场所，而更是一个本身即具有生命的活体。两个生命因相爱而结合为一个家，在共同生活的过程中，他们的生命随岁月的流逝而流逝，流归何处？我敢说，很大一部分流入这个家，转化为这个家的生命了。共同生活的时间愈长，这个家就愈成为一个有生命的东西，其中交织着两人共同的生活经历和命运，无数细小而宝贵的共同记忆，在多数情况下还有共同抚育小生命的辛劳和欢乐。正因为如此，即使在爱情已经消失的情况下，离异仍然会使当事人感觉到一种撕裂的痛楚。此时不是别的东西，而正是家这个活体，这个由双方生命岁月交织成的生命体在感到疼痛。如果我们时时记住家是一个有生命的东西，它也知道疼，它也畏惧死，我们就会心疼它，更加细心地爱护它了。那么，我们也许就可以避免一些原可避免的家庭破裂的悲剧了。

心疼这个家吧，如同心疼一个默默护佑着也铭记着我们的生命岁月的善良的亲人。

我尝自问：大千世界，有许多可爱的女人，生活有无数种可能性，你坚守着与某一个女人组成的这个小小的家，究竟有什么理由？我给自己一条条列举出来，觉得都不成其为充足理由。我终于明白了：恋家不需要理由。只要你在这个家里感到自由自在，没有压抑感和强迫感，摩擦和烦恼当然免不了，但都能够自然地化解，那么，这就证明你的生活状态是基本对头的，你是适合于过有家的生活的。

家太平凡了，再温馨的家也充满琐碎的重复，所以家庭生活是难以入诗的。相反，羁旅却富有诗意。可是，偏偏在羁旅诗里，家成了一个中心意象。只有在"孤舟五更家万里"的情境中，我们才真正感受到家的可贵。

亲子之情

在一切人间之爱中，父爱和母爱也许是最特别的一种，它极其本能，却又近乎神圣。爱比克泰德说得好："孩子一旦生出来，要想不爱他已经为时过晚。"正是在这种似乎被迫的主动之中，我们如同得到神启一样领悟了爱的奉献和牺牲之本质。

然而，随着孩子长大，本能便向经验转化，神圣也便向世俗转化。于是，教育、代沟、遗产等各种社会性质的问题产生了。

我们从小就开始学习爱，可是我们最擅长的始终是被爱。直到我们自己做了父母，我们才真正学会了爱。

情人之爱毕竟不是父爱和母爱。所以，一切情人又都太在乎被爱。

当我们做了父母，回首往事，我们便会觉得，以往爱情中最动人的东西仿佛是父爱和母爱的一种预演。与正剧相比，预演未免相形见绌。不过，成熟的男女一定会让彼此都分享到这新的收获。谁真正学会了爱，谁就不会只限于爱子女。

养育小生命或许是世上最妙不可言的一种体验了。小的就是好的，小生命的一颦一笑都那么可爱，交流和成长的每一个新征兆都叫人那样惊喜不已。这种体验是不能从任何别的地方获得，也不能用任何别的体验来代替的。一个人无论见过多大世面，从事多大事业，在初当父母的日子里，都不能不感到自己面前突然打开了一个全新的世界。小生命丰富了大心胸。生命是一个奇迹，可是，倘若不是养育过小生命，对此怎能有真切的领悟呢？

我以前认为，人一旦做了父母就意味着老了，不再是孩子了。现在我才知道，人唯有自己做了父母，才能最大限度地回到孩子的世界。

凡真正美好的人生体验都是特殊的，若非亲身经历就不可能凭理解力或想象力加以猜度。为人父母便是其中之一。

付出比获得更能激发爱。爱是一份伴随着付出的关切，我们确实最爱我们倾注了最多心血的对象。

父母对儿女的爱很像诗人对作品的爱：他们如同创作一样在儿女身上倾注心血，结果儿女如同作品一样体现了他们的存在价值。

但是，让我们记住，这只是一个譬喻，儿女不完全是我们的作品。即使是作品，一旦发表，也会获得独立于作者的生命，不是作者可以支配的。昧于此，就会可悲地把对儿女的爱变成惹儿女讨厌的专制了。

过去常听说，做父母的如何为子女受苦、奉献、牺牲，似乎恩重如山。自己做了父母，才知道这受苦同时就是享乐，这奉献同时就是收获，这牺牲同时就是满足。所以，如果要说恩，那也是相互的。而且，愈有爱心的父母，愈会感到所得远远大于所予。

任何做父母的，当他们陶醉于孩子的可爱时，都不会以恩主自居。一旦以恩主自居，就必定是已经忘记了孩子曾经给予他们的巨大快乐，也就是说，忘恩负义了。人们总谴责忘恩负义的子女，殊不知天下还有忘恩负义的父母呢。

对孩子的爱是一种自私的无私，一种不为公的舍己。这种骨肉之情若陷于盲目，真可以使你为孩子牺牲一切，包括你自己，包括天下。

从理论上说，亲子之爱和性爱都植根于人的生物性：亲子之爱为血缘本能，性爱为性欲。但血缘关系是一成不变的，性欲对象却是可以转移的。也许因为这个原因，亲子之爱要稳定和专一得多。在性爱中，喜新厌旧、见异思迁是寻常事。我们却很难想象一个人会因喜欢别人的孩子而厌弃自己的孩子。孩子愈幼小，亲子关系的生物学性质愈纯粹，就愈是如此。君不见，欲妻人妻者比比皆是，欲幼人幼者却寥寥无几。

有人说性关系是人类最自然的关系，怕未必。须知性关系是两个成年人之间的关系，因而不可能不把他们的社会性带入这种关系中。相反，当一个成年人面对自己的幼崽时，他便不能不回归自然状态，因为一切社会性的附属物在这个幼小的对象身上都成了不起作用的东西，只好搁置起来。随着孩子长大，亲子之间社会关系的比重就愈来愈增加了。

亲子之爱的优势在于：它是生物性的，却滤尽了肉欲；它是无私的，却与伦理无关；它非常实在，却不沾一丝功利的计算。

性是大自然最奇妙的发明之一，在没有做父母的时候，我们并不知道大自然的深意，以为它只是男女之欢。其实，快乐本能是浅层次，背后潜藏着深层次的种族本能。有了孩子，这个本能以巨大的威力突然苏醒了，一下子把我们变成了忘我舐犊的傻爸傻妈。

从一个人教育孩子的方式，最能看出这个人自己的人生态度。那种逼迫孩子参加各种竞争的家长，自己在生活中往往也急功近利。相反，一个淡泊于名利的人，必定也愿意孩子顺应天性愉快地成长。我由此获得了一个依据，去分析貌似违背这个规律的现象。譬如说，我基本可以断定，一个自己无为却逼迫孩子大有作为的人，他的无为其实是无能和不得志；一个自己拼命奋斗却让孩子自由生长的人，他的拼命多少是出于无奈。这两种人都想在孩子身上实现自己的未遂愿望，但愿望的性质恰好相反。

一个人无论多大年龄上没有了父母，他都成了孤儿。他走入这个世界的门户，他走出这个世界的屏障，都随之塌陷了。父母在，他的来路是眉目清楚的，他的去路则被遮掩着。父母不在了，他的来路就变得模糊，他的去路反而敞开了。

友 谊

对于人际关系，我逐渐总结出了一个最合乎我的性情的原则，就是互相尊重，亲疏随缘。我相信，一切好的友谊都是自然而然形成的，不是刻意求得的。我还认为，再好的朋友也应该有距离，太热闹的友谊往往是空洞无物的。

使一种交往具有价值的不是交往本身，而是交往者各自的价值。高质量的友谊总是发生在两个优秀的独立人格之间，它的实质是双方互相由衷的欣赏和尊敬。因此，重要的是使自己真正有价值，配得上做一个高质量的朋友，这是一个人能够为友谊所做的首要贡献。

与人相处，如果你感到格外的轻松，在轻松中又感到真实的教益，我敢断定你一定遇到了你的同类，哪怕你们从事着截然不同的职业。

哲学家、诗人、音乐家、画家都有自己的行话。有时候，不同的行话说着同一个意思。有时候，同一种行话说着不同的意思。

隔行如隔山，但没有翻越不了的山头，灵魂之间的鸿沟却是无法逾越的。

我们对同行说行话，对朋友吐心声。

人与人之间最深刻的区分不在职业，而在心灵。

凡是顶着友谊名义的利益之交，最后没有不破裂的，到头来还互相指责对方不够朋友，为友谊的脆弱大表义愤。其实，关友谊什么事呢，所谓友谊一开始就是假的，不过是利益的面具和工具罢了。今天的人们给了它一个恰当的名称，叫感情投资，这就比较诚实了，我希望人们更诚实一步，在投资时把自己的利润指标也通知被投资方。

友谊是宽容的。正因为如此，朋友一旦反目，就往往不可挽回，说明他们的分歧必定十分严重，已经到了不能宽容的地步。

只有在好朋友之间才可能发生绝交这种事，过去交往愈深，现在裂痕就愈难以修复，而维持一种泛泛之交又显得太不自然。至于本来只是泛泛之交的人，交与不交本属两可，也就谈不上绝交了。

外倾性格的人容易得到很多朋友，但真朋友总是很少的。内倾者孤独，一旦获得朋友，往往是真的。

这是一个孤独的人。有一天，世上许多孤独的人发现了他的孤独，于是争着要同他交朋友。他困惑了：他们因为我的孤独而深信我是他们的朋友，我有了这么多朋友，就不再孤独，如何还有资格做他们的朋友呢？

获得理解是人生的巨大欢乐。然而，一个孜孜以求理解、没有旁人的理解便痛不欲生的人却是个可怜虫，把自己的价值完全寄托在他人的理解上面的人往往并无价值。

看到书店出售教授交际术成功术之类的畅销书，我总感到滑稽。一个人对某个人有好感，和他或她交了朋友，或者对某件事感兴趣，想方设法把它做成功，这本来都是自然而然的。不熟记要点就交不了朋友，不乞灵秘诀就做不成事业，可见多么缺乏真情感真兴趣了。但是，没有真情感，怎么会有真朋友呢？没有真兴趣，怎么会有真事业呢？既然如此，又何必孜孜于交际和成功？这样做当然有明显的功利动机，但那还是比较表面的，更深的原因是精神上的空虚，于是急于找捷径躲到人群和事务中去。我不知道其效果如何，只知道如果这样的交际家走近我身旁，我一定会更感寂寞，如果这样的成功者站在我面前，我一定会更觉无聊的。

读书如交友，但至少有一个例外，便是读那种传授交友术的书。交友术兴，真朋友亡。

第二篇　丰富的心灵

中外哲人都认为，丰富的心灵是幸福的真正源泉，精神的快乐远远高于肉体的快乐。上天的赐予本来是公平的，每个人天性中都蕴涵着精神需求，在生存需要基本得到满足之后，这种需求理应觉醒，它的满足理应越来越成为主要的目标。

心 灵

中外哲人都认为，丰富的心灵是幸福的真正源泉，精神的快乐远远高于肉体的快乐。上天的赐予本来是公平的，每个人天性中都蕴涵着精神需求，在生存需要基本得到满足之后，这种需求理应觉醒，它的满足理应越来越成为主要的目标。

注重内心生活的人善于把外部生活的收获变成心灵的财富，缺乏此种禀赋或习惯的人则往往会迷失在外部生活中，人整个儿是散的。

心灵是一本奇特的账簿，只有收入，没有支出，人生的一切痛苦和欢乐，都化作宝贵的体验记入它的收入栏中。

如果你经常读好书、沉思、欣赏艺术等等，拥有丰富的精神生活，你就一定会感觉到，在你身上确实还有一个更高的自我，这个自我是你的人生路上的坚贞不渝的精神密友。

人活在世上，总要到社会上去做事的。如果说这是一种走出家门，那么，回家便是回到每个人的自我，回到个人的内心生活。一个人倘若只有外在生活，没有内心生活，他最多只是活得热闹或者忙碌罢了，决不可能活得充实。

对于理想的实现不能作机械的理解，好像非要变成看得见摸得着的现实似的。现实不限于物质现实和社会现实，心灵现实也是一种现实。尤其是人生理想，它的实现方式只能是变成心灵现实，即一个美好而丰富的内心世界，以及由之所决定的一种正确的人生态度。除此之外，你还能想象出人生理想的别的实现方式吗？

物质理想（譬如产品的极大丰富）和社会理想（譬如消灭阶级）的实现要用外在的可见事实来证明，精神理想的实现方式只能是内在的心灵境界。

对于不同的人，世界呈现不同的面貌。在精神贫乏者眼里，世界也是贫乏的。世界的丰富的美是依每个人心灵丰富的程度而开放的。

对于乐盲来说，贝多芬等于不存在。对于画盲来说，毕加索等于不存在。对于只读流行小报的人来说，从荷马到海明威的整个文学宝库等于不存在。对于终年在名利场上奔忙的人来说，大自然的美等于不存在。

一个经常在阅读和沉思中与古今哲人文豪倾心交谈的人，和一个沉湎在歌厅、肥皂剧以及庸俗小报中的人，他们生活在多么不同的世界上！

说到底，在这世界上，谁的经历不是平凡而又平凡的？心灵历程的悬殊才在人与人之间铺下了鸿沟。

耶稣说：不可为自己积聚财宝在地上，要为自己积聚财宝在天上，因为前者会虫蛀、生锈、遭窃，后者不会。

也就是说，物质的财宝不可靠，精神的财宝可靠，应该为自己积聚可靠的财宝。

那么，何时能够享用天上的财宝呢？是否如通常所宣传的，生前积德，死后到天堂享用？

耶稣又说："你的财宝在哪里，你的心也在哪里。"

看来这才是耶稣的见解：当你为自己积聚财宝在天上时，你的心已经在天上；当你的灵魂富有时，你的灵魂已经得救了。

我想把精神的梦的范围和含义扩大一些，举凡组成一个人的心灵生活的东西，包括生命的感悟，艺术的体验，哲学的沉思，宗教的信仰，都可归入其中。这样的梦永远不会变成看得见摸得着的直接现实，在此意义上不可能成真。但也不必在此意义上成真，因为它们有着与物质的梦完全不同的实现方式，不妨说，它们的存在本身就已经构成了一种内在的现实，这样的好梦本身就已经是一种真。对真的理解应该宽泛一些，你不能说只有外在的荣华富贵是真实的，内在的智慧教养是虚假的。一个内心生活丰富的人，与一个内心生活贫乏的人，他们是在实实在在的意义上过着截然不同的生活。

对于一颗善于感受和思考的灵魂来说，世上并无完全没有意义的生活，任何一种经历都可以转化为内在的财富。而且，这是最可靠的财富，因为正如一位诗人所说："你所经历的，世间没有力量能从你那里夺走。"

心灵的财富也是积累而成的。一个人酷爱精神的劳作和积聚，不断产生、搜集、贮藏点滴的感受，日积月累，就在他的内心中建立了一个巨大的宝库，造就了一颗丰富的灵魂。在他面前，那些精神懒汉相比之下终于形同乞丐。

物质上的贫富差别，受害者是穷人，他受肉体冻馁之苦。精神上的贫富差别，受害者是富人，他受精神孤独之苦。

那些永远折腾在功利世界上的人，那些从来不谙思考、阅读、独处、艺术欣赏、精神创造等心灵快乐的人，他们是怎样辜负了上天的赐予啊，不管他们多么有钱，他们是度过了怎样贫穷的一生啊。

有两种不同的复杂，一种是精神上的丰富，另一种是品性上的腐败。在同一个人身上，两者不可并存。

英国哲学家约翰·穆勒说："不满足的人比满足的猪幸福，不满足的苏格拉底比满足的傻瓜幸福。"人和猪的区别就在于，人有灵魂，猪没有灵魂。苏格拉底和傻瓜的区别就在于，苏格拉底的灵魂醒着，傻瓜的灵魂昏睡着。灵魂生活开始于不满足。不满足什么？不满足于像动物那样活着。正是在这不满足之中，人展开了对意义的寻求，创造了丰富的精神世界。

那么，何以见得不满足的人比满足的猪幸福呢？穆勒说，因为前者的快乐更丰富，但唯有兼知两者的人才能作出判断。也就是说，如果你是一头满足的猪，跟你说了也白说。我不是骂任何人，因为我相信，每个人身上都藏着一个不满足的苏格拉底。

物质所能带来的快乐终归是有限的，只有精神的快乐才有可能是无限的。

奢华不但不能提高生活质量，往往还会降低生活质量，使人耽于物质享受，远离精神生活。只有在那些精神素质极好的人身上，才不会发生这种情况，而这又只因为他们其实并不在乎物质享受，始终把精神生活看得更重要。

真正的享受必是有心灵参与的，其中必定包含了所谓"灵魂的愉悦和升华"的因素。否则，花钱再多，也只能叫做消费。享受和消费的不同，正相当于创造和生产的不同。创造和享受属于精神生活的范畴，就像生产和消费属于物质生活的范畴一样。

正是与精神的快乐相比较，物质所能带来的快乐显出了它的有限，而唯有精神的快乐才可能是无限的。因此，智者的共同特点是：一方面，因为看清了物质的快乐的有限，最少的物质就能使他们满足；另一方面，因为渴望无限的精神的快乐，再多的物质也不能使他们满足。

在生存需要能够基本满足之后，是物质欲望仍占上风，继续膨胀，还是精神欲望开始上升，渐成主导，一个人的素质由此可以判定。

在提供积极的享受方面，金钱的作用极其有限。人生最美好的享受，包括创造、沉思、艺术欣赏、爱情、亲情等等，都非金钱所能买到。原因很简单，所有这类享受皆依赖于心灵的能力，而心灵的能力是与钱包的鼓瘪毫不相干的。

青春是心智最活泼的时期，也是心智趋于定型的时期。在这个时期，一个人倘若能够通过读书、思考、艺术、写作等等充分领略心灵的快乐，形成一个丰富的内心世界，他在自己的身上就拥有了一个永不枯竭的快乐源泉。这个源泉将泽被整个人生，使他即使在艰难困苦之中仍拥有人类最高级的快乐。在我看来，这是一个人可能在青春期获得的最重大成就。

真正富有人道精神的人，所拥有的不是那种浅薄的仁慈，也不是那种空洞的博爱，而是一种内在的精神上的丰富。因为丰富，所以能体验一切人间悲欢。也因为丰富，所以对情感的敏锐感应不会流于病态纤巧。他细腻而不柔弱，用力而不冷漠，这是一颗博大至深的心灵。

人与人之间最重要的区别不在物质上的贫富，社会方面的境遇，是内在的精神素质把人分出了伟大和渺小，优秀和平庸。

一个有梦想的人和一个没有梦想的人，他们是生活在完全不同的世界里的。如果你和那种没有梦想的人一起旅行，你一定会觉得乏味透顶。

与只知做梦的人比，从来不做梦的人是更像白痴的。

　　肉体需要有它的极限，超于此上的都是精神需要。奢侈，挥霍，排场，虚荣，这些都不是直接的肉体享受，而是一种精神上的满足，当然是比较低级的满足。一个人在肉体需要得到了满足的基础上，他的剩余精力必然要投向对精神需要的追求，而精神需要有高低之分，由此分出了人的灵魂和生命质量的优劣。

安　静

　　不管世界多么热闹，热闹永远只占据世界的一小部分，热闹之外的世界无边无际，那里有着我的位置，一个安静的位置。这就好像在海边，有人弄潮，有人嬉水，有人拾贝壳，有人聚在一起高谈阔论，而我不妨找一个安静的角落独自坐着。是的，一个角落——在无边无际的大海边，哪里找不到这样一个角落呢——但我看到的却是整个大海，也许比那些热闹地聚玩的人看得更加完整。

　　我们活在世上，必须知道自己究竟想要什么。一个人认清了他在这世界上要做的事情，并且在认真地做着这些事情，他就会获得一种内在的平静和充实。

　　人生最好的境界是丰富的安静。安静，是因为摆脱了外界虚名浮利的诱惑。丰富，是因为拥有了内在精神世界的宝藏。

　　我并不完全排斥热闹，热闹也可以是有内容的。但是，热闹总归是外部活动的特征，而任何外部活动倘若没有一种精神追求为其动力，没有一种精神价值为其目标，那么，不管表面上多么轰轰烈烈，有声有色，本质上必定是贫乏和空虚的。我对一切太喧嚣的事业和一切太张扬的感情都心存怀疑，它们总是使我想起莎士比亚对生命的嘲讽："充满了声音和狂热，里面空无一物。"

老子主张"守静笃"，任世间万物在那里一齐运动，我只是静观其往复，如此便能成为万物运动的主人。这叫"静为躁君"。

当然，人是不能只静不动的，即使能也不可取，如一潭死水。你的身体尽可以在世界上奔波，你的心情尽可以在红尘中起伏，关键在于你的精神中一定要有一个宁静的核心。有了这个核心，你就能够成为你的奔波的身体和起伏的心情的主人了。

也许，每一个人在生命中的某个阶段是需要某种热闹的。那时候，饱涨的生命力需要向外奔突，去为自己寻找一条河道，确定一个流向。但是，一个人不能永远停留在这个阶段。托尔斯泰如此自述："随着年岁增长，我的生命越来越精神化了。"人们或许会把这解释为衰老的征兆，但是，我清楚地知道，即使在老年时，托尔斯泰也比所有的同龄人，甚至比许多年轻人更充满生命力。毋宁说，唯有强大的生命才能逐步朝精神化的方向发展。

太热闹的生活始终有一个危险，就是被热闹所占有，渐渐误以为热闹就是生活，热闹之外别无生活，最后真的只剩下了热闹，没有了生活。

无论身在城市还是身在乡村，一个人都可能领悟生活的真谛，也都可能毫无感受，就看你的心静不静。我们捧着一本书，如果心不静，再好的书也读不进去，更不用说领会其中妙处了。读生活这本书也是如此。其实，只有安静下来，人的心灵和感官才是真正开放的，从而变得敏锐，与对象处在一种最佳关系之中。但是，心静又是强求不来的，它是一种境界，是世界观导致的结果。一个不知道自己到底要什么的人，必定总是处在心猿意马的状态。

现在我的生活基本上由两件事情组成，一是读书和写作，我从中获得灵魂的享受，另一是亲情和友情，我从中获得生命的享受。顺便说一说，友情的极致也是亲情，我深感最好的朋友都是我的亲人。亲情和友情使我远离社交场的热闹，读书和写作使我远离名利场的热闹。人最宝贵的两样东西，生命和灵魂，在这两件事情中得到了妥善的安放和真实的满足，夫复何求，所以我过着很安静的生活。

闲 适

没有空玩儿,没有空看看天空和大地,没有空看看自己的灵魂……

我的回答是:永远没有空——随时都有空。

有的人活得精彩,有的人活得自在,活得潇洒者介乎其间,而非超乎其上。

光阴似箭,然而只是对于忙人才如此。日程表排得满满的,永远有做不完的事,这时便会觉得时间以逼人之势驱赶着自己,几乎没有喘息的工夫。

相反,倘若并不觉得有非做不可的事情,心静如止水,光阴也就停住了。永恒是一种从容的心境。

一个人何必要著作等身呢?倘想流芳千古,一首不朽的小诗足矣。倘无此奢求,则只要活得自在即可,写作也不过是这活得自在的一种方式罢了。

闲暇是生命的自由空间。只是劳作,没有闲暇,人会丧失性灵，忘掉人生之根本。

天地悠悠，生命短促，一个人一生的确做不成多少事。明白了这一点，就可以善待自己，不必活得那么紧张匆忙了。但是，也正因为明白了这一点，就可以不抱野心，只为自己高兴而好好做成几件事了。

闲适和散漫都是从俗务中抽身出来的状态，心境却迥异。闲适者回到了自我，在自己的天地里流连徜徉，悠然自得，内心是宁静而澄澈的。散漫者找不到自我，只好依然在外物的世界里东抓西摸，无所适从，内心是烦乱而浑浊的。

回首往事，多少事想做而未做。瞻望前程，还有多少事准备做。未完成是人生的常态，也是一种积极的心态。如果一个人感觉到活在世上已经无事可做，他的人生恐怕就要打上句号了。当然，如果一个人在未完成的心态中和死亡照面，他又会感到突兀和委屈，乃至于死不瞑目。但是，只要我们认识到人生中的事情是永远做不完的，无论死亡何时到来，人生永远未完成，那么，我们就会在生命的任何阶段上与死亡达成和解，在积极进取的同时也保持着超脱的心境。

世上事大抵如此，永远未完成，而在未完成中，生活便正常地进行着。所谓不了了之，不了就是了之，未完成是生活的常态。

一天是很短的。早晨的计划，晚上发现只完成很小一部分。一生也是很短的。年轻时的心愿，年老时发现只实现很小一部分。

今天的计划没完成，还有明天。今生的心愿没实现，却不再有来世了。所以，不妨榨取每一天，但不要苛求绝无增援力量的一生。要记住：人一生能做的事情不多，无论做成几件，都是值得满意的。

不要企求把事情做完，总是有爱做的事情要做，总是在做着爱做的事情，就应该满意了。

"你们不要为明天忧虑，明天自有明天的忧虑；一天的难处一天担当就够了。"耶稣有一些很聪明的教导，这是其中之一。

中国人喜欢说：人无远虑，必有近忧。这当然也对。不过，远虑是无穷尽的，必须适可而止。有一些远虑，可以预见也可以预作筹划，不妨就预作筹划，以解除近忧。有一些远虑，可以预见却无法预作筹划，那就暂且搁下吧，车到山前自有路，何必让它提前成为近忧。还有一些远虑，完全不能预见，那就更不必总是怀着一种莫名之忧，自己折磨自己了。总之，应该尽量少往自己的心里搁忧虑，保持轻松和光明的心境。

一天的难处一天担当，这样你不但比较轻松，而且比较容易把这难处解决。如果你把今天、明天以及后来许多天的难处都担在肩上，你不但沉重，而且可能连一个难处也解决不了。

有钱又有闲当然幸运，倘不能，退而求其次，我宁做有闲的穷人，不做有钱的忙人。我爱闲适胜于爱金钱。金钱终究是身外之物，闲适却使我感到自己是生命的主人。

简 单

在五光十色的现代世界中，让我们记住一个古老的真理：活得简单才能活得自由。

自古以来，一切贤哲都主张过一种简朴的生活，以便不为物役，保持精神的自由。

事实上，一个人为维持生存和健康所需要的物品并不多，超乎此的属于奢侈品。它们固然提供享受，但更强求服务，反而成了一种奴役。

现代人是活得愈来愈复杂了，结果得到许多享受，却并不幸福，拥有许多方便，却并不自由。

如果一个人太看重物质享受，就必然要付出精神上的代价。

人的肉体需要是很有限的，无非是温饱，超于此的便是奢侈，而人要奢侈起来却是没有尽头的。温饱是自然的需要，奢侈的欲望则是不断膨胀的市场刺激起来的。富了总可以更富，事实上也必定有人比你富，于是你永远不会满足，不得不去挣越来越多的钱。这样，赚钱便成了你的唯一目的。

一切奢侈品都给精神活动带来不便。

大量触目惊心的权钱交易案例业已证明，对于金钱的贪欲会使人不顾一切，甚至不要性命。千万不要以为，这些一失足成千古恨的人是天生的坏人。事实上，他们与我们中间许多人的区别只在于，他们恰好处在一个直接面对巨大诱惑的位置上。任何一个人，倘若渴慕奢华的物质生活而不能自制，一旦面临类似的诱惑，都完全可能走上同样的道路。

人活世上，有时难免要有求于人和违心做事。但是，我相信，一个人只要肯约束自己的贪欲，满足于过比较简单的生活，就可以把这些减少到最低限度。远离这些麻烦的交际和成功，实在算不得什么损失，反而受益无穷。我们因此获得了好心情和好光阴，可以把它们奉献给自己真正喜欢的人，真正感兴趣的事，而首先是奉献给自己。对于一个满足于过简单生活的人，生命的疆域是更加宽阔的。

许多东西，我们之所以觉得必需，只是因为我们已经拥有它们。当我们清理自己的居室时，我们会觉得每一样东西都有用处，都舍不得扔掉。可是，倘若我们必须搬到一个小屋去住，只允许保留很少的东西，我们就会判断出什么东西是自己真正需要的了。那么，我们即使有一座大房子，又何妨用只有一间小屋的标准来限定必需的物品，从而为美化居室留出更多的自由空间？

许多事情，我们之所以认为必须做，只是因为我们已经把它们列入了日程。如果让我们凭空从其中删除某一些，我们会难做取舍。可是，倘若我们知道自己已经来日不多，只能做成一件事情，我们就会判断出什么事情是自己真正想做的了。那么，我们即使还能活很久，又何妨用来日不多的标准来限定必做的事情，从而为享受生活留出更多的自由时间？

在人的生活中，有一些东西是可有可无的，有了也许增色，没有也无损本质；有一些东西则是不可缺的，缺了就不复是生活。什么东西不可缺，谁说都不算数，生养人类的大自然是唯一的权威。自然规定了生命离不开阳光和土地，规定了人类必须耕耘和繁衍。最基本的生活内容原是最平凡的，但正是它们构成了人类生活的永恒核心。

超　脱

在人生中还有比成功和幸福更重要的东西，那就是凌驾于一切成败福祸之上的豁达胸怀。在终极的意义上，人世间的成功和失败，幸福和灾难，都只是过眼烟云，彼此并无实质的区别。当我们这样想时，我们和我们的身外遭遇保持了一个距离，反而和我们的真实人生贴得更紧了，这真实人生就是一种既包容又超越身外遭遇的丰富的人生阅历和体验。

有真性情的人，与人相处唯求情感的沟通，与物相触独钟情趣的品味。更为可贵的是，在世人匆忙逐利又为利所逐的时代，他接人待物有一种闲适之情，一种不为利驱、不为物役的淡泊的生活情怀。

人生是侥幸落到我们手上的一件暂时的礼物，我们迟早要把它交还。我们宁愿怀着从容闲适的心情玩味它，而不要让过分急切的追求和得失之患占有了我们，使我们不再有玩味的心情。

失去当然也是人生的正常现象。整个人生是一个不断地得而复失的过程，就其最终结果看，失去反比得到更为本质。我们迟早要失去人生最宝贵的赠礼——生命，随之也就失去了在人生过程中得到的一切。有些失去看似偶然，例如天灾人祸造成的意外损失，但也是无所不包的人生的题中应有之义。

我们在社会上尽可以积极进取，但是，内心深处一定要为自己保留一份超脱。有了这一份超脱，我们就能更加从容地品尝人生的各种滋味，其中也包括失去的滋味。

我们总是以为，已经到手的东西便是属于自己的，一旦失去，就觉得蒙受了损失。其实，一切皆变，没有一样东西能真正占有。得到了一切的人，死时又交出一切。不如在一生中不断地得而复失，习以为常，也许能更为从容地面对死亡。

一切外在的欠缺或损失，包括名誉、地位、财产等等，只要不影响基本生存，实质上都不应该带来痛苦。如果痛苦，只是因为你在乎，愈在乎就愈痛苦。只要不在乎，就一根毫毛也伤不了。

所谓超脱，并不是超然物外，遗世独立，而只是与自己在人世间的遭遇保持一个距离。有了这个距离，也就有了一种看世界的眼光。

耶稣说："富人要进入天国，比骆驼穿过针眼还要困难。"对耶稣所说的富人，不妨作广义的解释，凡是把自己所占有的世俗的价值，包括权力、财产、名声等等，看得比精神的价值更宝贵，不肯舍弃的人，都可以包括在内。如果心地不明，我们在尘世所获得的一切就都会成为负担，把我们变成负重的骆驼，而把通往天国的路堵塞成针眼。

世上种种纷争，或是为了财富，或是为了教义，不外乎利益之争和观念之争。当我们身在其中时，我们不免很看重。但是，我们每一个人都迟早要离开这个世界，并且绝对没有返回的希望。在这个意义上，我们不妨也用鲁滨逊的眼光来看一看世界，这会帮助我们分清本末。我们将发现，我们真正需要的物质产品和真正值得我们坚持的精神原则都是十分有限的，在单纯的生活中包含着人生的真谛。

无论你多么热爱自己的事业，也无论你的事业是什么，你都要为自己保留一个开阔的心灵空间，一种内在的从容和悠闲。唯有在这个心灵空间中，你才能把你的事业作为你的生命果实来品尝。如果没有这个空间，你永远忙碌，你的心灵永远被与事业相关的各种事务所充塞，那么，不管你在事业上取得了怎样的外在成功，你都只是损耗了你的生命而没有品尝到它的果实。

外在遭遇受制于外在因素，非自己所能支配，所以不应成为人生的主要目标。真正能支配的唯有对一切外在遭际的态度。内在生活充实的人仿佛有另一个更高的自我，能与身外遭遇保持距离，对变故和挫折持适当态度，心境不受尘世祸福沉浮的扰乱。

"距离说"对艺术家和哲学家是同样适用的。理解与欣赏一样，必须同对象保持相当的距离，然后才能观其大体。不在某种程度上超脱，就决不能对人生有深刻见解。

人一看重机会，就难免被机会支配。

纷纷扰扰，全是身外事。我能够站在一定的距离外来看待我的遭遇了。我是我，遭遇是遭遇。惊涛拍岸，卷起千堆雪。可是，岸仍然是岸，它淡然观望着变幻不定的海洋。

自　足

　　人必须有人格上的独立自主。你诚然不能脱离社会和他人生活，但你不能一味攀援在社会建筑物和他人身上。你要自己在生命的土壤中扎根。你要在人生的大海上抛下自己的锚。一个人如果把自己仅仅依附于身外的事物，即使是极其美好的事物，顺利时也许看不出他的内在空虚，缺乏根基，一旦起了风浪，就会一蹶不振乃至精神崩溃。

　　每个人都是一个宇宙，每个人都应该有一个自足的精神世界。这是一个安全的场所，其中珍藏着你最珍贵的宝物，任何灾祸都不能侵犯它。

　　你不妨在世界上闯荡，去建功创业，去探险猎奇，去觅情求爱，可是，你一定不要忘记了回家的路。这个家，就是你的自我，你自己的心灵世界。

　　人在世上都离不开朋友，但是，最忠实的朋友还是自己，就看你是否善于做自己的朋友了。要能够做自己的朋友，你就必须比那个外在的自己站得更高，看得更远，从而能够从人生的全景出发给他以提醒、鼓励和指导。

自我是一个中心点，一个人有了坚实的自我，他在这个世界上便有了精神的坐标，无论走多远都能够找到回家的路。一个有着坚实的自我的人便仿佛有了一个精神的密友，他无论走到哪里都带着这个密友，这个密友将忠实地分享他的一切遭遇，倾听他的一切心语。

如果一个人总是按照别人的意见生活，没有自己的独立思考，总是为外在的事务忙碌，没有自己的内心生活，那么，说他不是他自己就一点儿也没有冤枉他。

名声、财产、知识等等是身外之物，人人都可求而得之，但没有人能够代替你感受人生。你死之后，没有人能够代替你再活一次。如果你真正意识到了这一点，你就会明白，活在世上，最重要的事就是活出你自己的特色和滋味来。

人生是否有意义，衡量的标准不是外在的成功，而是你对人生意义的独特领悟和坚守，从而使你的自我绽放出个性的光华。

一个人应该认清自己的天性，过最适合于他的天性的生活，而对他而言这就是最好的生活。

自爱者才能爱人，富裕者才能馈赠。给人以生命欢乐的人，必是自己充满着生命欢乐的人。一个不爱自己的人，既不会是一个可爱的人，也不可能真正爱别人。

对于每一个人来说，他最关心的还是他自己，世上最关心他的也还是他自己。要别人比他自己更关心他，要别人比关心自己更关心他，都是违背作为个体的生物学和心理学本质的。结论是：每个人都应该自立。

我走在自己的路上了。成功与失败、幸福与苦难都已经降为非常次要的东西。最重要的东西是这条路本身。

他们一窝蜂挤在那条路上，互相竞争、推攘、阻挡、践踏。前面有什么？不知道。既然大家都朝前赶，肯定错不了。

你悠然独行，不慌不忙，因为你走在自己的路上，它仅仅属于你，没有人同你争。

我曾经也有过被虚荣迷惑的年龄，因为那时候我还没有看清事物的本质，尤其还没有看清我自己的本质。我感到现在我站在一个最合宜的位置上，它完全属于我，所有追逐者的脚步不会从这里经过。我不知道我是哪一天来到这个地方的，但一定很久了，因为我对它已经如此熟悉。

人的禀赋各不相同，共同的是，一个位置对于自己是否最合宜，标准不是看社会上有多少人争夺它，眼红它，而应该去问自己的生命和灵魂，看它们是否真正感到快乐。

幸 福

人人向往幸福，但幸福最难定义。人们往往把得到自己最想要的东西、实现自己最衷心的愿望称作幸福。愿望是因人而异的，同一个人的愿望也在不断变化。真的实现了愿望，是否幸福也还难说。费尽力气争取某种东西，争到了手却发现远不如想象的好，乃是常事。所谓"人心重难而轻易"，"生在福中不知福"，"生活在别处"，这些说法都表明，很难找到认为自己幸福的人。

幸福似乎主要是一种内心快乐的状态。不过，它不是一般的快乐，而是非常强烈和深刻的快乐，以至于我们此时此刻会由衷地觉得活着是多么有意思，人生是多么美好。正是这样，幸福的体验最直接地包含着我们对生命意义的肯定评价。

感到幸福，也就是感到自己的生命意义得到了实现。不管拥有这种体验的时间多么短暂，这种体验却总是指向整个一生的，所包含的是对生命意义的总体评价。当人感受到幸福时，心中仿佛响着一个声音："为了这个时刻，我这一生值了!"若没有这种感觉，说"幸福"就是滥用了大字眼。

人身上必有一种整体的东西，是它在寻求、面对、体悟、评价整体的生命意义，我们只能把这种东西叫做灵魂。所以，幸福不是零碎和表面的情绪，而是灵魂的愉悦。正因为此，人一旦有过这种时刻和体验，便终身难忘了。

人生的幸福主要不在于各种外在条件，而在于你是否善于享受生活乐趣。生活乐趣的大小，则正如蒙田所说，取决于你对生活的关心程度。你把你的心只放在名利上，你对生活就会视而不见，生活就毫无乐趣可言。相反，你热爱生命，你用心品味生活中的各种细节和场景，便会发现乐趣无所不在。

灵魂是感受幸福的"器官"，任何外在经历必须有灵魂参与才成其为幸福。

内心世界的丰富、敏感和活跃与否决定了一个人感受幸福的能力。在此意义上，幸福是一种能力。

我的指导思想很简单，第一条是快乐。在所有的人生模式中，为了未来而牺牲现在是最坏的一种，它把幸福永远向后推延，实际上是取消了幸福。

我的第二条指导思想是可持续的快乐。快乐不应该是单一的，短暂的，完全依赖外部条件的，而应该是丰富的，持久的，能够靠自己创造的，否则结果仍是不快乐。

与快感相比，幸福是一个更高的概念，而要达到幸福的境界就必须有灵魂的参与。即使就快感而言，纯粹肉体性质的快感也是十分有限的，差不多也是比较雷同的，情感的投入才使得快感变得独特而丰富。

一种西方的哲学教导我们趋乐避苦。一种东方的宗教教导我们摆脱苦与乐的轮回。可是，真正热爱人生的人把痛苦和快乐一齐接受下来。

快乐更多地依赖于精神而非物质，这个道理一点也不深奥，任何一个品尝过两种快乐的人都可以凭自身的体验予以证明，沉湎于物质快乐而不知精神快乐为何物的人也可以凭自己的空虚予以证明。

至于在提供积极的享受方面，金钱的作用就更为有限了。人生最美好的享受都依赖于心灵能力，是钱买不来的。钱能买来名画，买不来欣赏，能买来色情服务，买不来爱情，能买来豪华旅游，买不来旅程中的精神收获。金钱最多只是我们获得幸福的条件之一，但永远不是充分条件，永远不能直接成为幸福。

"幸福"这个概念的确切含义："活得有意义"的鲜明感觉。它必须通过反思，所以会有"身在福中不知福"之说。

幸福只是灵魂的事，肉体只会有快感，不会有幸福感。

苦与乐不但有量的区别，而且有质的区别。在每一个人的生活中，苦与乐的数量取决于他的遭遇，苦与乐的品质取决于他的灵魂。

幸福是有限的，因为上帝的赐予本来就有限。痛苦是有限的，因为人自己承受痛苦的能力有限。

幸福属于天国，快乐才属于人间。

幸福是一个抽象概念，从来不是一个事实。相反，痛苦和不幸却常常具有事实的坚硬性。

幸福是一种一开始人人都自以为能够得到、最后没有一个人敢说已经拥有的东西。

幸福和上帝差不多，只存在于相信它的人心中。

幸福喜欢捉迷藏。我们年轻时，它躲藏在未来，引诱我们前去寻找它。曾几何时，我们发现自己已经把它错过，于是回过头来，又在记忆中寻找它。

幸福是一种苟且，不愿苟且者不可能幸福。我们只能接受生存的荒谬，我们的自由仅在于以何种方式接受。我们不哀哭，我们自得其乐地怠慢它，居高临下地嘲笑它，我们的接受已经包含着反抗了。

聪明人嘲笑幸福是一个梦，傻瓜到梦中去找幸福，两者都不承认现实中有幸福。看来，一个人要获得实在的幸福，就必须既不太聪明，也不太傻。人们把这种介于聪明和傻之间的状态叫做生活的智慧。

幸福是一个心思诡谲的女神，但她的眼光并不势利。权力能支配一切，却支配不了命运。金钱能买来一切，却买不来幸福。

一切灾祸都有一个微小的起因，一切幸福都有一个平庸的结尾。

自己未曾找到伟大的幸福的人，无权要求别人拒绝平凡的幸福。自己已经找到伟大的幸福的人，无意要求别人拒绝平凡的幸福。

我爱人世的不幸胜过爱天堂的幸福。我爱我的不幸胜过爱他人的幸福。

人生有两大幸福，一是做自己喜欢做的事，做得让自己满意，另一是和自己喜欢的人在一起，给他（她）们带来快乐。

我在物质上的最高奢望就是，在一个和平的世界上，有一个健康的身体，过一种小康的日子。在我看来，如果天下绝大多数人都能过上这种日子，那就是一个非常美好的世界了。

苦 难

多数时候，我们生活在外部世界上，忙于琐碎的日常生活，忙于工作、交际和娱乐，难得有时间想一想自己，也难得有时间想一想人生。可是，当我们遭到突如其来的灾难时，我们忙碌的身子一下子停了下来。灾难打断了我们所习惯的生活，同时也提供了一个机会，迫使我们与外界事物拉开了一个距离，回到了自己。只要我们善于利用这个机会，肯于思考，就会对人生获得一种新的眼光。

一个历尽坎坷而仍然热爱人生的人，他胸中一定藏着许多从痛苦中提炼的珍宝。

人生在世，总会遭受不同程度的苦难，世上并无绝对的幸运儿。所以，不论谁想从苦难中获得启迪，该是不愁缺乏必要的机会和材料的。世态炎凉，好运不过尔尔。那种一交好运就得意忘形的浅薄者，我很怀疑苦难能否使他们变得深刻一些。

人生的本质决非享乐，而是苦难，是要在无情宇宙的一个小小角落里奏响生命的凯歌。

幸福的反面是灾祸，而非痛苦。痛苦中可以交织着幸福，但灾祸绝无幸福可言。另一方面，痛苦的解除未必就是幸福，也可能是无聊。可是，当我们从一个灾祸中脱身出来的时候，我们差不多是幸福的了。

"大难不死，必有后福。"其实，"大难不死"即福，何需乎后福？

在通常情况下，我们的灵魂是沉睡着的，一旦我们感到幸福或遭到苦难时，它便醒来了。如果说幸福是灵魂的巨大愉悦，这愉悦源自对生命的美好意义的强烈感受，那么，苦难之为苦难，正在于它撼动了生命的根基，打击了人对生命意义的信心，因而使灵魂陷入了巨大痛苦。一种东西能够把灵魂震醒，使之处于虽然痛苦却富有生机的紧张状态，应当说必具有某种精神价值。

运气好与幸福也是两回事。一个人唯有经历过磨难，对人生有了深刻的体验，灵魂才会变得丰富，而这正是幸福的最重要源泉。如此看来，我们一生中既有运气好的时候，也有运气坏的时候，恰恰是最利于幸福的情形。现实中的幸福，应是幸运与不幸按适当比例的结合。

在设计一个完美的人生方案时，人们不妨海阔天空地遐想。可是，倘若你是一个智者，你就会知道，最美妙的好运也不该排除苦难，最耀眼的绚烂也要归于平淡。原来，完美是以不完美为材料的，圆满是必须包含缺憾的。最后你发现，上帝为每个人设计的方案无须更改，重要的是能够体悟其中的意蕴。

快感和痛感是肉体感觉，快乐和痛苦是心理现象，而幸福和苦难则仅仅属于灵魂。幸福是灵魂的叹息和歌唱，苦难是灵魂的呻吟和抗议，在两者中凸现的是对生命意义的或正或负的强烈体验。

幸福是生命意义得到实现的鲜明感觉。一个人在苦难中也可以感觉到生命意义的实现乃至最高的实现，因此苦难与幸福未必是互相排斥的。但是，在更多的情况下，人们在苦难中感觉到的却是生命意义的受挫。我相信，即使是这样，只要没有被苦难彻底击败，苦难仍会深化一个人对于生命意义的认识。

痛苦和欢乐是生命力的自我享受。最可悲的是生命力的乏弱，既无欢乐，也无痛苦。

古罗马哲学家认为逆境启迪智慧，佛教把对苦难的认识看做觉悟的起点，都自有其深刻之处。人生固有悲剧的一面，对之视而不见未免肤浅。

人生中有顺境，也有困境和逆境。困境和逆境当然一点儿也不温馨，却是人生最真实的组成部分，往往促人奋斗，也引人彻悟。如果否认了苦难的价值，就不复有壮丽的人生了。

领悟悲剧也须有深刻的心灵，人生的险难关头最能检验一个人的灵魂深浅。有的人一生接连遭到不幸，却未尝体验过真正的悲剧情感。相反，表面上一帆风顺的人也可能经历巨大的内心悲剧。

欢乐与欢乐不同，痛苦与痛苦不同，其间的区别远远超过欢乐与痛苦的不同。

对于一个视人生感受为最宝贵财富的人来说，欢乐和痛苦都是收入，他的账本上没有支出。这种人尽管敏感，却有很强的生命力，因为在他眼里，现实生活中的祸福得失已经降为次要的东西，命运的打击因心灵的收获而得到了补偿。

对于沉溺于眼前琐屑享受的人，不足与言真正的欢乐。对于沉溺于眼前琐屑烦恼的人，不足与言真正的痛苦。

我相信人有素质的差异。苦难可以激发生机，也可以扼杀生机；可以磨炼意志，也可以摧垮意志；可以启迪智慧，也可以蒙蔽智慧；可以高扬人格，也可以贬抑人格——全看受苦者的素质如何。素质大致规定了一个人承受苦难的限度，在此限度内，苦难的锤炼或可助人成材，超出此则会把人击碎。

素质好的人既能承受大苦难，也能承受大幸运，素质差的人则可能兼毁于两者。

痛苦是性格的催化剂，它使强者更强，弱者更弱，暴者更暴，柔者更柔，智者更智，愚者更愚。

苦难是人格的试金石，面对苦难的态度最能表明一个人是否具有内在尊严。每个人的人格并非一成不变的，他对痛苦的态度本身也在铸造着他的人格。不论遭受怎样的苦难，只要他始终警觉着他拥有采取何种态度的自由，并勉励自己以一种坚忍高贵的态度承受苦难，他就比任何时候都更加有效地提高着自己的人格。

以尊严的方式承受苦难，这种方式本身就是人生的一项巨大成就，因为它所显示的不只是一种个人品质，而且是整个人性的高贵和尊严，证明了这种尊严比任何苦难更有力，是世间任何力量不能将它剥夺的。正是由于这个原因，在人类历史上，伟大的受难者如同伟大的创造者一样受到世世代代的敬仰。

知道痛苦的价值的人，不会轻易向别人泄露和展示自己的痛苦，哪怕是最亲近的人。

喜欢谈论痛苦的往往是不识愁滋味的少年，而饱尝人间苦难的老年贝多芬却唱起了欢乐颂。

面对无可逃避的厄运和死亡，绝望的人在失去一切慰藉之后，总还有一个慰藉，便是在勇敢承受命运时的尊严感。由于降灾于我们的不是任何人间的势力，而是大自然本身，因此，在我们的勇敢中体现出的乃是人的最高尊严——人在神面前的尊严。

人生中不可挽回的事太多。既然活着，还得朝前走。经历过巨大苦难的人有权利证明，创造幸福和承受苦难属于同一种能力。没有被苦难压倒，这不是耻辱，而是光荣。

佛的智慧把爱当做痛苦的根源而加以弃绝，扼杀生命的意志。我的智慧把痛苦当做爱的必然结果而加以接受，化为生命的财富。

任何智慧都不能使我免于痛苦，我只愿有一种智慧足以使我不毁于痛苦。

当你遭受巨大痛苦时，你要自爱，懂得自己忍受，尽量不用你的痛苦去搅扰别人。

如同肉体的痛苦一样，精神的痛苦也是无法分担的。别人的关爱至多只能转移你对痛苦的注意力，却不能改变痛苦的实质。甚至在一场共同承受的苦难中，每人也必须独自承担自己的那一份痛苦，这痛苦并不因为有一个难友而有所减轻。

痛苦使人深刻，但是，如果生活中没有欢乐，深刻就容易走向冷酷。未经欢乐滋润的心灵太硬，它缺乏爱和宽容。

一个人只要真正领略了平常苦难中的绝望，他就会明白，一切美化苦难的言辞是多么浮夸，一切炫耀苦难的姿态是多么做作。

事实上，我们平凡生活中的一切真实的悲剧都仍然是平凡生活的组成部分，平凡性是它们的本质，诗意的美化必然导致歪曲。

人天生是软弱的，唯其软弱而犹能承担起苦难，才显出人的尊严。我厌恶那种号称铁石心肠的强者，蔑视他们一路旗开得胜的骄横。只有以软弱的天性勇敢地承受着寻常苦难的人们，才是我的兄弟姐妹。

我们不是英雄。做英雄是轻松的，因为他有净化和升华。做英雄又是沉重的，因为他要演戏。我们只是忍受着人间寻常苦难的普通人。

忍受不可忍受的灾难是人类的命运。接着我们又发现，只要咬牙忍受，世上并无不可忍受的灾难。

当然，也有忍不了的时候，结果是肉体的崩溃——死亡，精神的崩溃——疯狂，最糟则是人格的崩溃——从此委靡不振。

忍是一种自救，即使自救不了，至少也是一种自尊。以从容平静的态度忍受人生最悲惨的厄运，这是处世做人的基本功夫。

习惯，疲倦，遗忘，生活琐事……苦难有许多貌不惊人的救星。人得救不是靠哲学和宗教，而是靠本能，正是生存本能使人类和个人历尽劫难而免于毁灭，各种哲学和宗教的安慰也无非是人类生存本能的自勉罢了。

只要生存本能犹在，人在任何处境中都能为自己编织希望，哪怕是极可怜的希望。如果没有任何希望，没有一个人能够活下去。即使是最彻底的悲观主义者，他们的彻底也仅是理论上的，在现实生活中，生存本能仍然驱使他们不断受小小的希望鼓舞，从而能忍受这遭到他们否定的人生。

请不要责备"好了伤疤忘了疼"。如果生命没有这样的自卫本能，人如何还能正常地生活，世上还怎会有健康、勇敢和幸福？古往今来，天灾人祸，留下过多少伤疤，如果一一记住它们的疼痛，人类早就失去了生存的兴趣和勇气。人类是在忘却中前进的。

离一种灾祸愈远，我们愈觉得其可怕，不敢想象自己一旦身陷其中会怎么样。但是，当我们真的身陷其中时，犹如落入台风中心，反倒有了一种意外的平静。

沉　默

种种热闹一时的吹嘘和喝彩，终是虚声浮名。在万象喧嚣的背后，在一切语言消失之处，隐藏着世界的秘密。世界无边无际，有声的世界只是其中很小一部分。

只听见语言不会倾听沉默的人是被声音堵住了耳朵的聋子。懂得沉默的价值的人却有一双善于倾听沉默的耳朵，如同纪伯伦所说，他们"听见了寂静的唱诗班唱着世纪的歌，吟咏着空间的诗，解释着永恒的秘密"。一个听懂了千古历史和万有存在的沉默的话语的人，他自己一定也是更懂得怎样说话的。

最真实最切己的人生感悟是找不到言词的。对于人生最重大的问题，我们每个人都只能在沉默中独自面对。

我们可以一般地谈论爱情、孤独、幸福、苦难、死亡等等，但是，倘若这些词眼确有意义，那属于每个人自己的真正的意义始终在话语之外。我无法告诉别人我的爱情有多温柔,我的孤独有多绝望,我的幸福有多美丽,我的苦难有多沉重,我的死亡有多荒谬。我只能把这一切藏在心中。

在不能共享沉默的两个人之间,任何言词都无法使他们的灵魂发生沟通。对于未曾在沉默中面对过相同问题的人来说,再深刻的哲理也只是一些套话。

一个人对言词理解的深度取决于他对沉默理解的深度,归根结蒂取决于他的沉默亦即他的灵魂的深度。所以,在我看来,凡有志于探究人生真理的人,首要的功夫便是沉默,在沉默中面对他灵魂中真正属于他自己的重大问题。到他有了足够的孕育并因此感到不堪其重负时,一切语言之门便向他打开了,这时他不但理解了有限的言词,而且理解了言词背后沉默着的无限的存在。

沉默是语言之母,一切原创的、伟大的语言皆孕育于沉默。但语言自身又会繁殖语言,与沉默所隔的世代越来越久远,其品质也越来越蜕化。

还有比一切语言更伟大的真理,沉默把它们留给了自己。

语言是存在的家。沉默是语言的家。饶舌者扼杀沉默，败坏语言，犯下了双重罪过。

我们的内心经历往往是沉默的。讲自己不是一件随时随地可以进行的容易的事，它需要某种境遇和情绪的触发，一生难得有几回。那些喜欢讲自己的人多半是在讲自己所扮演的角色。

另一方面呢，我们无论讲什么，也总是在曲折地讲自己。

话语是一种权力——这个时髦的命题使得那些爱说话的人欣喜若狂，他们越发爱说话了，在说话时还摆出了一副大权在握的架势。

我的趣味正相反。我的一贯信念是：沉默比话语更接近本质，美比权力更有价值。在这样的对比中，你们应该察觉我提出了一个相反的命题：沉默是一种美。

让我们学会倾听沉默——

因为在万象喧嚣的背后，在一切语言消失之处，隐藏着世界的秘密。倾听沉默，就是倾听永恒之歌。

因为我们最真实的自我是沉默的，人与人之间真正的沟通是超越语言的。倾听沉默,就是倾听灵魂之歌。

当少男少女由两小无猜的嬉笑转入羞怯的沉默时,最初的爱情来临了。

当诗人由热情奔放的高歌转入忧郁的沉默时,真正的灵感来临了。沉默是神的来临的永恒仪式。

在两性亲昵中,从温言细语到甜言蜜语到花言巧语,语言愈夸张,爱情愈稀薄。达到了顶点,便会发生一个转折,双方恶言相向,爱变成了恨。

真实的感情往往找不到语言,真正的两心契合也不需要语言,谓之默契。

人生中最美好的时刻都是"此时无声胜有声"的,不独爱情如此。

真正打动人的感情总是朴实无华的,它不出声,不张扬,埋得很深。沉默有一种特别的力量,当一切喧嚣静息下来后,它仍然在工作着,穿透可见或不可见的间隔,直达人心的最深处。

世上一切重大的事情,包括阴谋与爱情,诞生与死亡，都是在沉默中孕育的。

在家庭中，夫妇吵嘴并不可怕，倘若相对无言，你就要留心了。

在社会上，风潮迭起并不可怕，倘若万马齐喑，你就要留心了。

真正伟大的作品和伟大的诞生也是在沉默中酝酿的。广告造就不了文豪。哪个自爱并且爱孩子的母亲会在分娩前频频向新闻界展示她的大肚子呢？

在最深重的苦难中，没有呻吟，没有哭泣。沉默是绝望者最后的尊严。

在最可怕的屈辱中，没有诅咒，没有叹息。沉默是复仇者最高的轻蔑。

沉默是一口井，这井里可能藏着珠宝，也可能一无所有。

沉默寡言未必是智慧的征兆，世上有的是故作深沉者或天性木讷者，我也难逃此嫌。但是，我确信其反命题是成立的：夸夸其谈者必无智慧。

孤 独

独处是人生中的美好时刻和美好体验，虽则有些寂寞，寂寞中却又有一种充实。

独处是灵魂生长的必要空间，在独处时，我们从别人和事务中抽身出来，回到了自己。这时候，我们独自面对自己和上帝，开始了与自己的心灵以及与宇宙中的神秘力量的对话。

一切严格意义上的灵魂生活都是在独处时展开的。和别人一起谈古说今，引经据典，那是闲聊和讨论；唯有自己沉浸于古往今来大师们的杰作之时，才会有真正的心灵感悟。和别人一起游山玩水，那只是旅游；唯有自己独自面对苍茫的群山和大海之时，才会真正感受到与大自然的沟通。

人们往往把交往看做一种能力，却忽略了独处也是一种能力，并且在一定意义上是比交往更为重要的一种能力。反过来说，不擅交际固然是一种遗憾，不耐孤独也未尝不是一种很严重的缺陷。

世上没有一个人能够忍受绝对的孤独。但是，绝对不能忍受孤独的人却是一个灵魂空虚的人。

和别人混在一起时，我向往孤独。孤独时，我又向往看到我的同类。但解除孤独毕竟只能靠相爱相知的人，其余的人扰乱了孤独，反而使人更感孤独，犹如一种官能，因为受到刺激而更加意识到自己的存在。

孤独和喧嚣都难以忍受。如果一定要忍受，我宁可选择孤独。

孤独中有大快乐，沟通中也有大快乐，两者都属于灵魂。一颗灵魂发现、欣赏、享受自己所拥有的财富，这是孤独的快乐。如果这财富也被另一颗灵魂发现了，便有了沟通的快乐。所以，前提是灵魂的富有。对于灵魂空虚之辈，不足以言这两种快乐。

学会孤独，学会与自己交谈，听自己说话——就这样去学会深刻。

当然前提是：如果孤独是可以学会的话。

心灵的孤独与性格的孤僻是两回事。

孤独是因为内容独特而不能交流，孤僻却并无独特的内容，只是因为性格的疾病而使交流发生障碍。

一个特立独行的人而又不陷于孤独，这怎么可能呢？然而，尽管注定孤独，仍然会感觉到孤独的可怕和难以忍受。上帝给了他一颗与众不同的灵魂，却又赋予他与普通人一样的对于人间温暖的需要，这正是悲剧性之所在。

越是丰盈的灵魂，往往越能敏锐地意识到残缺，有越强烈的孤独感。在内在丰盈的衬照下，方见出人生的缺憾。反之，不谙孤独也许正意味着内在的贫乏。

孤独与创造，孰为因果？也许是互为因果。一个疏于交往的人会更多地关注自己的内心世界，一个人专注于创造也会导致人际关系的疏远。

对于大多数天才来说，他们之陷于孤独不是因为外在的强制，而是由于自身的气质。大体说来，艺术的天才，例如卡夫卡、吉卜林，多是忧郁型气质，而孤独中的写作则是一种自我治疗的方式。只是一开始作为一种补偿的写作，后来便获得了独立的价值，成了他们乐在其中的生活方式。另一类是思想的天才，例如牛顿、康德、维特根斯坦，则相当自觉地选择了孤独，以便保护自己的内在世界，可以不受他人干扰地专注于意义和秩序的寻求。

孤独之为人生的重要体验，不仅是因为唯有在孤独中，人才能与自己的灵魂相遇，而且是因为唯有在孤独中，人的灵魂才能与上帝、与神秘、与宇宙的无限之谜相遇。正如托尔斯泰所说，在交往中，人面对的是部分和人群，而在独处时，人面对的是整体和万物之源。

那些不幸的天才，例如尼采和凡·高，他们最大的不幸并不在于无人理解，因为精神上的孤独是可以用创造来安慰的，而恰恰在于得不到普通的人间温暖，活着时就成了被人群遗弃的孤魂。

活在世上，没有一个人愿意完全孤独。天才的孤独是指他的思想不被人理解，在实际生活中，他却也是愿意有个好伴侣的,如果没有,那是运气不好,并非他的主动选择。人不论伟大平凡,真实的幸福都是很平凡很实在的。才赋和事业只能决定一个人是否优秀,不能决定他是否幸福。我们说贝多芬是一个不幸的天才,泰戈尔是一个幸福的天才,其根据就是他们在婚爱和家庭问题上的不同遭遇。

无聊、寂寞、孤独是三种不同的心境。无聊是把自我消散于他人之中的欲望,它寻求的是消遣。寂寞是自我与他人共在的欲望,它寻求的是普通的人间温暖。孤独是把他人接纳到自我之中的欲望,它寻求的是理解。

无聊者自厌,寂寞者自怜,孤独者自足。

庸人无聊,天才孤独,人人都有寂寞的时光。

无聊是喜剧性的,孤独是悲剧性的,寂寞是中性的。

无聊属于生物性的人,寂寞属于社会性的人,孤独属于形而上的人。

一颗平庸的灵魂,并无值得别人理解的内涵,因而也不会感受到真正的孤独。孤独是一颗值得理解的心灵寻求理解而不可得，它是悲剧性的。无聊是一颗空虚的心灵寻求消遣而不可得，它是喜剧性的。寂寞是寻求普通的人间温暖而不可得，它是中性的。然而，人们往往将它们混淆，甚至以无聊冒充孤独……

"我孤独了。"啊，你配吗？

孤独者必不合时宜。然而，一切都可以成为时髦，包括孤独。

寂寞是决定人的命运的情境。一个人忍受不了寂寞，就寻求方便的排遣办法，去会朋友，谈天，打牌，看电视，他于是成为一个庸人。靠内心的力量战胜寂寞的人，必是诗人和哲学家。

我的趣味一向是，寂寞比热闹好，无聊比忙碌好。寂寞是想近人而无人可近，无聊是想做事而无事可做。然而，离人远了，离神就近了。眼睛不盯着手头的事务，就可以观赏天地间的奥秘了。人生诚然难免寂寞和无聊，但若真的免去了它们，永远热闹，永远忙碌，岂不更可怕？

人生了病，会变得更有人情味一些的。一方面，与种种事务疏远了，功名心淡漠了，纵然是迫不得已，毕竟有了一种闲适的心境；另一方面，病中寂寞，对亲友的思念更殷切了，对爱和友谊的体味更细腻了。疾病使人更轻功利也更重人情了。

沟 通

　　爱心并不神秘。你一定有这样的体会：当你快乐的时候，如果这快乐没有人共享，你就会感到一种欠缺。譬如说，你独自享用一顿美餐，无论这美餐多么丰盛，你也会觉得有点凄凉而乏味。如果餐桌旁还坐着你的亲朋好友，情形就大不一样了。同样，你看到了一种极美丽的景色，如果唯有你一人看到，而且不准你告诉任何人，这不寻常的经历不但不能使你满足，甚至会成为你的内心痛苦。这种与人共享快乐的需要，便已经是爱心的萌芽了。

　　不止一位先贤指出，一个人无论看到怎样的美景奇观，如果他没有机会向人讲述，他就决不会感到快乐。人终究是离不开同类的。一个无人分享的快乐决非真正的快乐，而一个无人分担的痛苦则是最可怕的痛苦。所谓分享和分担，未必要有人在场。但至少要有人知道。永远没有人知道，绝对的孤独，痛苦便会成为绝望，而快乐——同样也会变成绝望！

"假如把你放逐到火星上去,只有你一个人,永远不能再回地球接触人类,同时让你长生不老,那时你做什么?"

"写作。"

"假如你的作品永远没有被人读到的希望?"

"自杀。"

独特,然后才有沟通。毫无特色的平庸之辈厮混在一起,只有委琐,岂可与语沟通。每人都展现出自己独特的美,开放出自己的奇花异卉,每人也都欣赏其他一切人的美,人人都是美的创造者和欣赏者,这样的世界才是赏心悦目的人类家园。

在体察别人的心境方面,我们往往都很粗心。人人都有自己的烦恼事,都不由自主地被琐碎的日常生活推着走,谁有工夫来注意你的心境,注意到了又能替你做什么呢?当心灵的重负使你的精神濒于崩溃,只要减一分便能得救时,也未必有人动这一举手之劳,因为具备这个能力的人多半觉得自己有更重要的事要做,压根儿想不到那一件他轻易能做到的小事竟会决定你的生死。

心境不能沟通,这是人类生存的基本境遇之一,所以每个人在某个时刻都会觉得自己是被弃的孤儿。

我们不妨假定，人的心灵是有质和量的不同的。质不同，譬如说基本的人生态度和价值取向格格不入，所谓"道不同不相与谋"，沟通就无从谈起。质相同，还会有量的差异。两个人的精神品质基本一致，灵魂内涵仍会有深浅宽窄之别，其沟通的深度和广度必然会被限制在那比较浅窄的一方的水平上。即使两个人的水平相当，在他们心灵的各个层次上也仍然会存在着不同的岔路和拐角，从而造成一些局部的沟通障碍。

我的这个描述无疑有简单化的毛病。我只是想说明，人与人之间的完全沟通是不可能的，因而不同程度的隔膜是必然存在的。既然如此，任何一种交往要继续下去，就必须是能够包容隔膜的。

现在人们提倡关爱，我当然赞成。我想提醒的是，不要企图用关爱去消除一切隔膜，这不仅是不可能的，而且会使关爱蜕变为精神强暴。在我看来，一种关爱不论来自何方，它越是不带精神上的要求，就越是真实可信，母爱便是一个典型的例证。关爱所给予的是普通的人间温暖，而在日常生活中，我们真正需要并且可以期望获得的也正是这普通的人间温暖。至于心灵的沟通,那基本上是一件可遇而不可求的事情,因而对之最适当的态度是顺其自然。

以互相理解为人际关系的鹄的,其根源就在于不懂得人的心灵生活的神秘性。按照这一思路,人们一方面非常看重别人是否理解自己,甚至公开索取理解。至少在性爱中,索取理解似乎成了一种最正当的行为,而指责对方不理解自己则成了最严厉的谴责,有时候还被用作破裂前的最后通牒。另一方面,人们又非常踊跃地要求理解别人,甚至以此名义强迫别人袒露内心的一切,一旦遭到拒绝,便斥以缺乏信任。在爱情中,在亲情中,在其他较亲密的交往中,这种因强求理解和被理解而造成的有声或无声的战争,我们见得还少吗?可是,仔细想想,我们对自己又真正理解了多少?一个人懂得了自己理解自己之困难,他就不会强求别人完全理解自己,也不会奢望自己完全理解别人了。

第三篇　自由的头脑

那个用头脑思考的人是智者，那个用心灵思考的人是诗人，那个用行动思考的人是圣徒。倘若一个人同时用头脑、心灵、行动思考，他很可能是一位先知。

思　想

一个聪明人说："不把真理说得太过分，就可以把它说得久一些。"

但也可能相反：没有人注意这位有分寸的导师。世人往往不理睬平和的真理，对极端的真理则大表震惊和愤慨，然后就悄悄打折扣地接受。一切被人们普遍接受并长久流传的真理，在其倡导者那里几乎都是极端的，说得太过分的，只是后来才变得平和持中。

新思想的倡导者在某种程度上都是偏执狂，他对自己的发现有一种狂热，每每把它绝对化。一种新思想无非是看事物的一个新角度，仅仅是一个角度，但倡导者把它看做唯一的角度，把它变成轴心了。就让他这样做好了，否则很难引起世人的注意。只有这样做，才可能使人们摆脱习惯的角度，接受新的角度。在人类文化发展过程中，他的偏执并无大害，迟早会被克服，而他发现的新角度却永远保留下来了，使得人类看事物的角度日益多样，灵活，自由。于是，偏执辩证地导致了灵活。

"你也来创造一种新思想。"

"新思想？天底下哪有什么新思想？人类的历史实在太漫长了，凡是凭人类的脑袋想得出来的思想，在历史上都已经提出过了。人们是很迟钝、很粗心的，面对五花八门的世界，什么印象也形不成。于是有人出来把世界的某一因素加以夸大，说成是世界的轴心，大事宣扬一番。人们这才有了印象，并且承认这样做的人创造了新思想，是思想家。这派夸大了这个因素，那派夸大了那个因素，待到所有的因素都被夸大过了，又有人出来兼收并蓄，加以综合，于是又算提出了新思想，又成一派。以后呢，人类是很健忘的，它换个儿崇拜各种思想，然后换个儿把它们忘掉，于是有人把人类早已遗忘的某种思想用新的术语装饰一番，重新搬出来，又算是创造了新思想。这就是人类的一部思想发明史，一部文化史。"

论误解的必然和必要：人类思想凭借误解而发展；独立的思想家凭借误解前人思想而形成；诠释是自我生长的一种方式。当一个大师解释另一个大师时，难免发生曲解，因为他自己的思想太强大了，犹如强磁场，使一切进入这磁场的事物都发生了扭曲。例如海德格尔对尼采的解释。

一个思想家一旦形成他一生中的主导思想，他便成熟了，此后他只是在论证、阐释、应用、发挥、丰富他的这个主导思想。很少有人根本改变自己的主导思想，而且其结果往往是不幸的——多半不是确立了一个新的主导思想，而只是转入了别人的思想轨道，丧失了自己的活力和特色。唯有旷世大才能够经历主导思想的根本转折而又不丧失活力和特色。在当代哲学家中，仅可举出海德格尔和维特根斯坦二人而已。

人类思维每每开出相似的花朵，相隔数千年的哲人往往独立地发现同一真理。这与其说是因为人类心理结构的一致，不如说是因为人类境遇的一致。不管社会如何变化，人类总的境遇是始终如一的。

世界的真理一直在我的心中寻找能够把它说出来的语言，我常常觉得快要说出来了，但是一旦说了出来，却发现仍然不是。

读许多前人的书的时候，我发现在他们身上曾经发生过同样的情况。

第三篇　自由的头脑　　145

那么，世界的真理始终是处在快要说出来却永远没有说出来的边缘上了，而这就证明它确实是存在的。

开放不是兼收并蓄。一种思想有其独特性，又能与其他思想对话，这就是有开放性了。

第一种人有常识，没有思想，但也没有思想的反面——教条。他们是健康的，像动物一样健康。

第二种人有常识，也有教条，各有各的用处。工作用教条，生活靠常识。他们是半健康的。

第三种人完全缺乏常识，全然受思想的支配，或者全然受教条的支配。从常人的眼光看来，他们是病人，前者是疯子，后者是呆子。

思想停止了，才有思想。一切思想都是回忆。

思想是一份一经出版就被毁掉的原稿，学问便是各种充满不同印刷错误的版本，每一种都力图证明自己最符合原稿。

感情的极端是痴，思想的极端是疯。

有时思想孕育于沉默，而靠谈话催产。有时思想孕育于谈话，而靠沉默催产。

感觉与感觉之间没有路，只能跳跃。思想与思想之间有漫长的路，必须跋涉。前者靠灵巧，后者靠耐力。

真理是人人知道而只有一个人敢说出来的东西。
不过，也可能相反：真理是人人都不知道而只有一个人知道却不肯说出来的东西。

谎言重复十遍就成了真理——当然是对那些粗糙的耳朵来说。
还有另一种情形：真理重复十遍就成了谎言——对于那些精致的耳朵来说。一个真理在人云亦云的过程中被抹去了个性，从而丧失了原初的真实性。精致的耳朵是宁愿听到有个性的谎言，而不愿听到无个性的真理的。不妨说，有个性的谎言比无个性的真理更为"真实"。

不存在事实，只存在对事实的解释。当一种解释被经验所证明时，我们便称它为真理。由于经验总是有限的，所以真理总是相对的。

大多数哲学家认为，理性是人区别于动物的根本特征，因此，运用理性能力去认识真理乃是人的优秀和尊严之所在。

真正热爱真理的人必定是具有怀疑精神的，对真理的热忱追求往往表现为对传统观念和流行意见的怀疑乃至反抗。爱真理甚于爱一切，这是思想家的必备品质。

那个用头脑思考的人是智者，那个用心灵思考的人是诗人，那个用行动思考的人是圣徒。倘若一个人同时用头脑、心灵、行动思考，他很可能是一位先知。

一个人用一生一世的时间见证和践行了某个基本真理，当他在无人处向一切人说出它时，他的口气就会像基督。他说出的话有着异乎寻常的重量，不管我们是否理解它或喜欢它，都不能不感觉到这重量。这正是箴言与隽语的区别，前者使我们感到沉重，逼迫我们停留和面对，而在读到后者时，我们往往带着轻松的心情会心一笑，然后继续前行。

智 慧

　　智慧有点儿像是谦虚，不过这是站在很高的高度才具备的一种谦虚。打个比方说，智慧的人就好像站在神的地位上来看人类包括他自己，看到了人类的局限性。他一方面也是一个具有这种局限性的普通人，另一方面却又能够居高临下地俯视这局限性，也就在一定意义上超越了它。

　　智慧和聪明是两回事。聪明指的是一个人在能力方面的素质，例如好的记忆力、理解力、想象力，反应灵敏等等。具备这些素质，再加上主观努力和客观机遇，你就可以在社会上获得成功，成为一个能干的政治家、博学的学者、精明的商人之类。但是，无论你怎么聪明，如果没有足够的智慧，你的成就终究谈不上伟大。也许正是因为这个原因，自古到今，聪明人非常多，伟人却很少。智慧不是一种才能，而是一种人生觉悟，一种开阔的胸怀和眼光。一个人在社会上也许成功，也许失败，如果他是智慧的，他就不会把这些看得太重要，而能够站在人世间一切成败之上，以这种方式成为自己命运的主人。

人要能够看到限制，前提是和这限制拉开一个距离。坐井观天，就永远不会知道天之大和井之小。人的根本限制就在于不得不有一个肉身凡胎，它被欲望所支配，受有限的智力所指引和蒙蔽，为生存而受苦。可是，如果我们总是坐在肉身凡胎这口井里，我们也就不可能看明白它是一个根本限制。所以，智慧就好像某种分身术，要把一个精神性的自我从这个肉身的自我中分离出来，让它站在高处和远处，以便看清楚这个在尘世挣扎的自己所处的位置和可能的出路。

我们可以从书本和课堂上学到知识，可是，无论谁都无法向我们传授智慧。智慧是一种整体的东西，不可能把它分解成若干定理，一条一条地讲解和掌握。不过，智慧也不是什么高不可攀的东西。其实，人人都有慧根，我们所要做的只是保护和发展它，不让它枯萎罢了。

成熟了，却不世故，依然一颗童心。成功了，却不虚荣，依然一颗平常心。兼此二心者，我称之为慧心。

一种回避生命的悲剧性质的智慧无权称作智慧，只配称作生活的精明。

"不为无益之事，何以遣有涯之生"，明白这一道理的人可谓已经得道，堪称智者了。多数人恰好相反，他们永远自诩在为有益之事，永远不知生之有涯。

由单纯到复杂，再复归成熟的单纯，我名之智慧。由混沌到清醒，再复归自觉的混沌，我名之彻悟。

智慧是灵魂的事，博学是头脑的事，更糟的是舌头的事。

知识关心人的限度之内的事，智慧关心人的限度之外的事。

智慧使人对苦难更清醒也更敏感。一个智者往往对常人所不知的苦难也睁开着眼睛，又比常人更深地体悟到日常苦难背后的深邃的悲剧含义。在这个意义上，智慧使人痛苦。然而，由于智者有着比常人开阔得多的视野，进入他视界的苦难固然因此增多了，每一个单独的苦难所占据的相对位置却也因此缩小了。

　　常人容易被当下的苦难一叶障目，智者却能够恰当估计它与整个人生的关系。即使他是一个悲观主义者，由苦难的表象洞察人生悲剧的底蕴，但这种洞察也使他相对看轻了表象的重要性。

　　对人生的觉悟来自智慧，倘若必待大苦大难然后开悟，慧根也未免太浅。

　　最低的境界是平凡，其次是超凡脱俗，最高是返璞归真的平凡。

　　一个人可以凭聪明、勤劳和运气挣许多钱，但如何花掉这些钱却要靠智慧了。
　　如何花钱比如何挣钱更能见出一个人的品位高下。

　　不避平庸岂非也是一种伟大，不拒小情调岂非也是一种大气度？

　　"你智慧吗？"

"当然——因为我不聪明。如果不智慧，我还有什么优点呢？"

童心和成熟并不互相排斥。一个人在精神上足够成熟，能够正视和承受人生的苦难，同时心灵依然单纯，对世界仍然怀着儿童般的兴致，这完全是可能的。我不认为麻木、僵化、世故是成熟，真正的成熟应该具有生长能力，因而毋宁说在本质上始终是包含着童心的。

对于心的境界，我所能够给出的最高赞语就是：丰富的单纯。我所知道的一切精神上的伟人，他们的心灵世界无不具有这个特征，其核心始终是单纯的，却又能够包容丰富的情感、体验和思想。

那些平庸的心灵，它们被各种人际关系和利害计算占据着，所以复杂，可是完全缺乏精神的内涵，所以又是一种贫乏的复杂。

阅 读

　　人生有种种享受，读书是其中之一。读书的快乐，一在求知欲的满足，二在与活在书中的灵魂的交流，三在自身精神的丰富和成长。

　　要领略读书的快乐，必须摆脱功利的考虑，有从容的心境。

　　严格地说，好读书和读好书是一回事，在读什么书上没有品位的人是谈不上好读书的。所谓品位，就是能够通过阅读过一种心智生活，使你对世界和人生的思索始终处在活泼的状态。世上真正的好书，都应该能够产生这样的作用，而不只是向你提供信息或者消遣。

　　也许没有一个时代拥有像今天这样多的出版物，然而，很可能今天的人们比以往任何时候都阅读得少。在这样的时代，一个人尤其必须懂得拒绝和排除，才能够进入真正的阅读。

　　经典属于每一个人，但永远不属于大众。每一个人只能作为有灵魂的个人，而不是作为无个性的大众，才能走到经典中去。

书籍和电视的区别——

其一，书籍中存在着一个用文字记载的传统，阅读使人得以进入这个传统；电视以现时为中心，追求信息的当下性，看电视使人只活在当下。

其二，文字是抽象的符号，它要求阅读必须同时也是思考，否则就不能理解文字的意义；电视直接用图像影响观众，它甚至忌讳思考，因为思考会妨碍观看。

结论：书籍使人成为文明人，电视使人成为野蛮人。

读书的心情是因时因地而异的。有一些书，最适合于在羁旅中、在无所事事中、在远离亲人的孤寂中翻开。这时候，你会觉得，虽然有形世界的亲人不在你的身旁，但你因此而得以和无形世界的亲人相逢了。在灵魂与灵魂之间必定也有一种亲缘关系，这种亲缘关系超越于种族和文化的差异，超越于生死，当你和同类灵魂相遇时，你的精神本能会立刻把它认出。

读那些永恒的书，做一个纯粹的人。

读贤哲的书，走自己的路。

人的癖好五花八门，读书是其中之一。但凡人有了一种癖好，也就有了看世界的一种特别眼光，甚至有了一个属于他的特别的世界。不过，和别的癖好相比，读书的癖好能够使人获得一种更为开阔的眼界，一个更加丰富多彩的世界。我们也许可以据此把人分为有读书癖的人和没有读书癖的人，这两种人生活在很不相同的世界上。

读书的癖好与所谓刻苦学习是两回事，它讲究的是趣味。所以，一个认真做功课和背教科书的学生，一个埋头从事专业研究的学者，都称不上是有读书癖的人。有读书癖的人所读之书必不限于功课和专业，毋宁说更爱读课外和专业之外的书籍，也就是所谓闲书。当然，这并不妨碍他对自己的专业发生浓厚的兴趣，做出伟大的成就。

其实，读"有用的书"即教科书和专业书固然有其用途，可以获得立足于社会的职业技能，但是读"无用的书"也并非真的无用，那恰恰是一个人精神成长的领域。

读书唯求愉快，这是一种很高的境界。要做到出于性情而读书，其前提是必须有真性情。那些躁动不安、事事都想发表议论的人，那些渴慕荣利的人，一心以求解的本领和真理在握的姿态夸耀于人，哪里肯甘心于自个儿会意的境界。

读者是一个美好的身份。每个人在一生中会有各种其他的身份，例如学生、教师、作家、工程师、企业家等，但是，如果不同时也是一个读者，这个人就肯定存在着某种缺陷。在很大程度上，人类精神文明的成果是以书籍的形式保存的，而读书就是享用这些成果并把它们据为己有的过程。历史上有许多伟大的人物，在他们众所周知的声誉背后，往往有一个人所不知的身份，便是终身读者，即一辈子爱读书的人。

世人不计其数，知己者数人而已，书籍汪洋大海，投机者数本而已。我们既然不为只结识总人口中的一小部分而遗憾，那么也就不必为只读过全部书籍中的一小部分而遗憾了。

好读书和好色有一个相似之处，就是不求甚解。

我从来不认为读书可以成为时尚，并且对一切成为时尚的读书持怀疑态度。读书属于个人的精神生活，必定是非常个人化的。可以成为时尚的不是读书，而是买书和谈书，譬如说，在媒体的影响下，某一时期有某一本书特别畅销，谈论它显得特时髦，插不上嘴显得特落伍。

从一个人的读物大致可以判断他的精神品级。一个在阅读和沉思中与古今哲人文豪倾心交谈的人，与一个只读明星逸闻和凶杀故事的人，他们当然有着完全不同的内心世界。我甚至要说，他们也是生活在完全不同的外部世界上，因为世界本无定相，它对于不同的人呈现不同的面貌。

真正的好作品，不管如何不受同时代人乃至作者自己的重视，它们在文化史上大抵终能占据应有的地位。里尔克说罗丹的作品像海和森林一样，有其自身的生命，而且随着岁月继续在生长中。这话也适用于为数不多的好书。绝大多数书只有短暂的寿命，死在它们的作者前头，和人一起被遗忘了。只有少数书活得比人长久，乃至活在世世代代的爱书家的书斋里——也就是说，被组织进他们的有机体，充实了他们的人生。

有人问一位登山运动员为何要攀登珠穆朗玛峰，得到的回答是："因为它在那里。"别的山峰不存在吗？在他眼里，它们的确不存在，他只看见那座最高的山。爱书者也应该有这样的信念：非最好的书不读。让我们去读最好的书吧，因为它在那里。

攀登大自然的高峰，我们才能俯视大千，一览众山小。阅读好书的效果与此相似，伟大的灵魂引领我们登上精神的高峰，超越凡俗生活，领略人生天地的辽阔。

优秀的书籍组成了一个伟大宝库，它就在那里，属于一切人而又不属于任何人。你必须走进去，自己去占有适合于你的那一份宝藏，而阅读就是占有的唯一方式。对于没有养成阅读习惯的人来说，它等于不存在。人们孜孜于享用人类的物质财富，却自动放弃了享用人类精神财富的权利，竟不知道自己蒙受了多么大的损失。

不同的书有不同的含金量。世上许多书只有很低的含金量，甚至完全是废矿，可怜那些没有鉴别力的读者辛苦地去开凿，结果一无所获。含金量高的书，第一言之有物，传达了独特的思想或感受；第二文字凝练，赋予了这些思想或感受以最简洁的形式。这样的书自有一种深入人心的力量，使人过目难忘。

从精神生活的角度出发，我们也许可以极粗略地把天下的书分为三大类：一是完全不可读的书，这种书只是外表像书罢了，实际上是毫无价值的印刷垃圾，不能提供任何精神的启示、艺术的欣赏或有用的知识；二是可读可不读的书，这种书读了也许不无益处，但不读却肯定不会造成重大损失和遗憾；三是必读的书。所谓必读，是就精神生活而言，即每一个关心人类精神历程和自身生命意义的人都应该读，不读便会是一种欠缺和遗憾。

在我看来，真正重要的倒不在于你读了多少名著，古今中外的名著是否读全了，而在于要有一个信念，便是非最好的书不读。有了这个信念，即使你读了许多并非最好的书，你仍然会逐渐找到那些真正属于你的最好的书，并且成为它们的知音。

一个人的阅读趣味大致规定了他的精神品位，而纯正的阅读趣味正是在读好书中养成的。

一个真正的读者具备基本的判断力和鉴赏力，仿佛拥有一种内在的嗅觉，能够嗅出一本书的优劣，本能地拒斥劣书，倾心好书。这种能力部分地来自阅读的经验，但更多地源自一个人灵魂的品质。当然，灵魂的品质是可以不断提高的，读好书也是提高的途径，二者之间有一种良性循环的关系。重要的是一开始就给自己确立一个标准，每读一本书，一定要在精神上有收获，能够进一步开启你的心智。只要坚持这个标准，灵魂的品质和对书的判断力就自然会同步得到提高。一旦你的灵魂足够丰富和深刻，你就会发现，你已经上升到了一种高度，不再能容忍那些贫乏和浅薄的书了。

好的书籍是朋友，但也仅仅是朋友。与好友会晤是快事，但必须自己有话可说，才能真正快乐。一个愚钝的人，再智慧的朋友对他也是毫无用处的，他坐在一群才华横溢的朋友中间，不过是一具木偶，一个讽刺，一种折磨。每人都是一个神，然后才有奥林匹斯神界的欢聚。

我们读一本书，读到精彩处，往往情不自禁地要喊出声来：这是我的思想，这正是我想说的，被他偷去了！有时候真是难以分清，哪是作者的本意，哪是自己的混入和添加。沉睡的感受唤醒了，失落的记忆找回了，朦胧的思绪清晰了。其余一切，只是死的"知识"，也就是说，只是外在于灵魂有机生长过程的无机物。

真正的阅读必须有灵魂的参与，它是一个人的灵魂在一个借文字符号构筑的精神世界里的漫游，是在这漫游途中的自我发现和自我成长，因而是一种个人化的精神行为。

我衡量一本书的价值的标准是：读了它之后，我自己是否也遏止不住地想写点什么，哪怕我想写的东西表面上与它似乎全然无关。

自我是一个凝聚点。不应该把自我溶解在大师们的作品中，而应该把大师们的作品吸收到自我中来。对于自我来说，一切都只是养料。

读书犹如采金。有的人是沙里淘金，读破万卷，小康而已。有的人是点石成金，随手翻翻，便成巨富。

在读一位大思想家的作品时，无论谴责还是辩护都是极狭隘的立场，与所读对象太不相称。我们需要的是一种对话式的理解，其中既有共鸣，也有抗争。无论一本著作多么伟大，如果不能引起我的共鸣和抗争，它对于我实际上是不存在的。

教 育

在我看来，做孩子的朋友，孩子也肯把自己当做朋友，乃是做父母的最高境界。溺爱是动物性的爱，那是最容易的，难的是使亲子之爱获得一种精神性的品格。所谓做孩子的朋友，就是不把孩子当做宠物或工具，而是视为一个正在成形的独立的人格，不但爱他疼他，而且给予信任和尊重。凡属孩子自己的事情，既不越俎代庖，也不横加干涉，而是怀着爱心加以关注，以平等的态度进行商量。父母与孩子之间要有朋友式的讨论和交流的氛围。正是在这种氛围里，孩子便能够逐渐养成基于爱和自信的独立精神，从而健康地成长。

童年无小事，人生最早的印象因为写在白纸上而格外鲜明，旁人觉得琐碎的细节很可能对本人性格的形成发生过重大作用。

在人的一生中，童年似乎是最不起眼的。大人们都在做正经事，孩子们却只是在玩耍，在梦想，仿佛在无所事事中挥霍着宝贵的光阴。可是，这似乎最不起眼的童年其实是人生中最重要的季节。粗心的大人看不见，在每一个看似懵懂的孩子身上，都有一个灵魂在朝着某种形态生成。

在人的一生中，童年似乎是最短暂的。如果只看数字，孩提时期所占的比例确实比成年时期小得多。可是，这似乎短暂的童年其实是人生中最悠长的时光。我们仅在儿时体验过时光的永驻，而到了成年之后，儿时的回忆又将伴随我们的一生。

对聪明的大人说的话：倘若你珍惜你的童年，你一定也要尊重你的孩子的童年。当孩子无忧无虑地玩耍时，不要用你眼中的正经事去打扰他。当孩子编织美丽的梦想时，不要用你眼中的现实去纠正他。如同纪伯伦所说：孩子虽是借你而来，却不属于你；你可以给他爱，却不可给他想法，因为他有自己的想法。如果你执意把孩子引上成人的轨道，当你这样做的时候，你正是在粗暴地夺走他的童年。

做父母做得怎样，最能表明一个人的人格、素质和教养。

被自己的孩子视为亲密的朋友，这是为人父母者所能获得的最大的成功。不过，为人父母者所能遭到的最大的失败却并非被自己的孩子视为对手和敌人，而是被视为上司或者奴仆。

青春似乎有无数敌人，但是，在某种意义上，学校、老师、家长、社会等等都是假想敌，真正的敌人只有一个，就是虚伪。当一个人变得虚伪之时，便是他的青春终结之日。在成长的过程中，一个人能够抵御住虚伪的侵袭，依然真实，这该是多么非凡的成就。

情窦初开的年龄，绽开的不只是欲望的花朵。初开的欲望之花多么纯洁，多么羞怯，多么有灵性，其实同时也是精神之花。所以，和青春一起，心灵世界一切美好的东西，包括艺术和理想，个性和尊严，也都觉醒了。这在人人都一样。区别在后来，有的花朵昙花一现，有的长开不败结出了果实。

天赋平常的人能否成才，在很大程度上取决于所处的具体教育环境，学校能够培养出也能够毁灭掉一个中等之才。天才却是不受某个具体教育环境限制的，因为他本质上是自己培育自己。当然，天才也可能被扼杀，但扼杀他的只能是时代或大的社会环境。

在任何一种教育体制下，都存在着学生资质差异的问题。合理的教育体制应该向不同资质的学生都提供相应的机会。

所谓"天才教育"的结果多半不是把一个普通资质的人培养成了天才，而是把他扭曲成了一个高不成、低不就的畸形儿。

教育不可能制造天才，却可能扼杀天才。因此，天才对教育唯一可说的话是第欧根尼的那句名言："不要挡住我的阳光。"

一切教育都可以归结为自我教育。学历和课堂知识均是暂时的，自我教育的能力却是一笔终身财富。经验证明，一个人最终是否成才，往往不取决于学历的长短和课堂知识的多少，而取决于是否善于自我教育。

是到全民向教育提问的时候了。中国现行教育的弊病有目共睹，有什么理由继续忍受？可以毫不夸张地说，在今日中国，教育是最落后的领域，它剥夺孩子的童年，扼杀少年人的求知欲，阻碍青年人的独立思考，它的所作所为正是教育的反面。改变无疑是艰难的，牵涉到体制、教师、教材各个方面。但是，前提是澄清教育的理念，弄清楚一个问题：教育究竟何为？

我们不能用狭隘的功利尺度衡量教育，而应该用广阔的人性尺度和人生尺度。

人性尺度是指：教育应使每个人的天性和与生俱来的能力得到健康生长，而不是强迫儿童和青年接受外来的东西。比如说，智育是发展好奇心和独立思考的能力，而不是灌输知识，德育是鼓励崇高的精神追求，而不是灌输规范。

人生尺度是指：教育应使受教育者现在的生活就是幸福而有意义的，并以此为幸福而有意义的一生创造良好的基础。看教育是否成功，就看它是拓展了还是缩减了受教育者的人生可能性。与幸福而有意义的人生这个目标相比，获得一个好职业之类的目标显得何其可怜。

当然，我们也要用社会尺度衡量教育，但这个社会尺度应该也是广阔的而非狭隘的。正如罗素所指出的：一个由本性优秀的男女所组成的社会，肯定会比相反的情形好得多。

事实上，每个人天性中都蕴涵着好奇心和求知欲，因而都有可能依靠自己去发现和领略阅读的快乐。遗憾的是，当今功利至上的教育体制正在无情地扼杀人性中这种最宝贵的特质。在这种情形下，我只能向有识见的教师和家长反复呼吁，请你们尽最大可能保护孩子的好奇心，能保护多少是多少，能抢救一个是一个。我还要提醒那些聪明的孩子，在达到一定年龄之后，你们要善于向现行教育争自由，学会自我保护和自救。

真实的、不可遏制的兴趣是天赋的可靠标志。

文明之对于不同的人，往往进入其不同的心理层次。进入意识层次，只是学问；进入无意识层次，才是教养。

教育的本义是唤醒灵魂，使之在人生的各种场景中都保持在场。相反，倘若一个人的灵魂总是缺席，不管他多么有学问或多么有身份，我们仍可把他看做一个没有受过教育的蒙昧人。

文 化

无论"文化热",还是"文化低谷",都与真正爱文化者无关,因为他所爱的文化是既不会成为一种时髦,也不会随市场行情低落的。

我相信,只要人类精神存在一天,文化就决不会灭亡。不过,我无法否认,对于文化来说,一个娱乐至上的环境是最坏的环境,其恶劣甚于专制的环境。在这样的环境中,任何严肃的精神活动都不被严肃地看待,人们不能容忍不是娱乐的文化,非把严肃化为娱乐不可,如果做不到,就干脆把戏侮严肃当做一种娱乐。

在市场经济迅速推进的条件下,文化的一大部分被消费趣味支配,出现平庸化趋势,这种情况不足为奇。如果一个民族在文化传统方面有深厚的精神底蕴,它就仍能够使其文化的核心不受损害,在世俗化潮流中引领精神文化的向上发展。但是,如果传统本身具有强烈的实用品格,缺少抵挡世俗化潮流的精神资源,文化整体的状况就堪忧了。这正是我们所面临的问题。

过去的时代出伟人，今天的时代出偶像。伟人功垂千秋，偶像昙花一现。这是媒体时代的悲哀。

传统和现代化是一个多么陈旧的热门话题，一切可能的主张都提出过了，出路依然迷茫。什么时候我们才真正具备现代文明世界一员的自信，强壮得既不怕自己的传统，也不怕外来的文化，对两者都泰然处之呢？

东方和西方的关系问题是一个说不完的老话题了。我的直觉是，在这个问题上的一切极端之论都是可疑的。需要的是一种平常心，一种不假思索就喜欢和接纳一切好东西的健康本能。在此前提下，才能用一种开阔的人类眼光来看待东西方文化之异同。我在这里发现了一个常识与智慧、矫情与狭隘心理相结合的具体例证。

一切关于东西方文化之优劣的谈论都是非文化、伪文化性质的。民族文化与其说是一个文化概念，不如说是一个政治概念。在我眼里，只存在一个统一的世界文化宝库，凡是进入这个宝库的文化财富在本质上是没有国籍的。无论东方还是西方，文化中最有价值的东西必定是共通的，是属于全人类的。那些仅仅属于东方或者仅仅属于西方的东西，哪怕是好东西，至多也只有次要的价值。

智慧无国籍。无论东西方，都有过一些彻悟人生底蕴的智者，他们的思想是全人类的共同财富。在这方面，谈不上东西方优劣的比较。为了疗治现代文明的弊病而求诸东方文化，乃断章取义之论。正确的提法是，全人类共同继承各民族历史上的优秀文化遗产。

常常听人叹息："中国为什么出不了大思想家？什么时候我们才有自己的世界级大思想家？"我答道：难道这很重要吗？凡是大思想家，既然是世界级的，就是属于全世界的，也是属于你的。思想无国别。按照国别选择思想家的人，真正看重的不是思想，而是民族的虚荣。

人们常常叹息，中国为何产生不了大哲学家、大诗人、大作曲家、大科学家等等。据我看，原因很可能在于我们的文化传统的实用品格，对纯粹的精神性事业不重视、不支持。一切伟大的精神创造的前提是把精神价值本身看得至高无上，在我们的氛围中，这样的创造者不易产生，即使产生了也是孤单的，很容易夭折。中国要真正成为有世界影响的文化大国，就必须改变文化的实用品格。一个民族拥有一批以纯粹精神创造为乐的人，并且以拥有这样一批人为荣，在这样的民族中最有希望产生出世界级的文化伟人。

一个民族在文化上能否有伟大的建树，归根到底取决于心智生活的总体水平。拥有心智生活的人越多，从其中产生出世界历史性的文化伟人的机会就越大。

趣味无争论，这无非是说，在不同的趣味之间没有对错之分。但是，在不同的趣味之间肯定有高低之分。趣味又名鉴赏力，一个人的鉴赏力大致表明了他的精神级别。趣味的形成有种种因素，包括知识、教养、阅历、思考、体验等等，这一切在趣味中都简化成了一种本能。在文学和艺术的欣赏中，良好趣味的形成也许是最重要的事情，它使一个人本能地趋向好东西，唾弃坏东西。对于创作者来说，良好的趣味未必能使他创作出好东西，因为这还需要天赋和技巧，但能够使他不去制作那些他自己也会厌恶的坏东西。

知识和心灵是两回事，一个勤奋做学问的人同时也可能是一个心灵很贫乏的人。若想知道一个人的精神级别，不要看他研究什么，而要看他喜欢什么。一个人在精神素质上的缺陷往往会通过他的趣味暴露出来。趣味是最难掩饰的，因为它已经扎根在无意识之中，总是在不经意中流露。

时尚和文明完全是两回事，一个受时尚支配的人仅仅生活在事物的表面，貌似前卫，本质上却是一个野蛮人，唯有扎根于人类精神文明土壤中的人才是真正的文明人。

一切精神的创造，一切灵魂的珍宝，到头来都是毁于没有灵魂的东西之手：老鼠、蛀虫、水、火、地震、战争、空气、时间……

甲骨文，金文，竹简，羊皮纸，普通纸，电脑……书写越来越方便了，于是文字泛滥，写出的字也就越来越没有价值了。

苏格拉底、孔子、释迦牟尼、基督都不留文字，却招来了最多的文字。

天　才

　　一个天才也许早熟，也许晚熟。问题不在年龄，而在于他有一些他自己的话要说出来，或早或迟，非说出来不可。

　　博学家一辈子说别人说过的话，天才则能说出自己的话，哪怕一辈子只说出一句，却是前无古人、后无来者的，是非他说不出来的。这是两者的界限。

　　多数人属于家庭，国家，社会。天才属于有与无，最小与最大，自我与永恒。

　　对天才来说，才能是沉重的包袱，必须把它卸下来，也就是说，把它充分释放出来。"天才就是勤奋"，但天才的勤奋不是勉为其难的机械的劳作，而是能量的不可遏止的释放。

　　有时候，天才与普通人的区别仅在于是否养成了严格的工作习惯。

天才是伟大的工作者。凡天才必定都是热爱工作、养成了工作的习惯的人。当然，这工作是他自己选定的，是由他的精神欲望发动的，所以他乐在其中，欲罢不能。那些无此体验的人从外面看他，觉得不可理解，便勉强给了一个解释，叫做勤奋。

还有一些聪明人或有才华的人，也总是不能养成工作的习惯，终于一事无成。他们往往有怀才不遇之感，可是，在我看来，一个人不能养成工作的习惯，这本身即已是才华不足的证明，因为创造欲正是才华最重要的组成部分。

真正的创造者是不会满足于自己既已创造的一切成品的。在我看来，一个人获得了举世称羡的成功，自己对这成功仍然不免发生怀疑和厌倦，这是天才的可靠标志。

天才是大自然的灵感。因此，一个天才在泄欲时是动物，在吃喝时是凡夫俗子，只有在大自然的灵感降临于他时才是天才。因此，一个天才在平时多数场合不是天才，只有在少数幸运的时刻才是天才。

天才往往不是那些最聪明的人。如同大自然本身一样，天才必有他的笨拙之处。

一个有才华有活力的人永远不会觉得自己找到了归宿，他永远在尝试，在探索。天才之缺乏自知之明，恰如庸人一样，不过其性质相反。庸人不知自己之短，天才却不知自己之长。

我相信，天才骨子里都有一点自卑，成功的强者内心深处往往埋着一段屈辱的经历。

芸芸众生也有权利活。在这个意义上，人与人是平等的。至于说到历史，就是另一回事了。天才与芸芸众生之间隔着鸿沟。当然，天才的伟大并不需要优越的享受来报偿，伟大本身就已经是他的报酬。

天赋高的人有一种几乎与生俱来的贵族心理，看不起庸庸碌碌的芸芸众生。他对群众的宽容态度是阅历和思考的产物。

天才生活在一个观念和想象的世界里，尽管在他们看来，这个世界更真实，更根本，但是它确实是脱离普通人的日常生活世界的。因此，用世俗的眼光看，天才决不可能给人类带来任何实际的幸福（世俗意义上的幸福始终等同于福利），他们的欢乐只是疯狂，他们的苦痛也只是自作自受。世人容忍他们的存在，如同对待异禽怪兽一样给他们拨出一小块生存空间，便已经是礼遇有加了。天才自己不应当期望有更好的待遇，否则就等于期望自己不是天才。

庸才比天才耐久。庸才是精神作坊里的工匠，只要体力许可，总能不断地制作。创造的天才一旦枯竭，就彻底完了。他没有一点慰藉，在自己眼里成了废物。他也的确是一个废物了。

创造靠智慧，处世靠常识。有常识而无智慧，谓之平庸。有智慧而无常识，谓之笨拙。庸人从不涉足智慧的领域，所以不自知其平庸。天才却不免被抛入常识的领域，所以每暴露其笨拙。既然两者只可能在庸人的领土上相遇，那么，庸人得意，天才潦倒，当然就不足怪了。

有两种人永远不成熟：白痴和天才。换一种说法，以常人的眼光看，有两种人不正常：低能者和超常者。这个区别基本上取决于禀赋。不过，由于机遇的不幸，超常者的禀赋可能遭扼杀，而被混同于低能者。另一方面，历史上也不乏在处世方面成熟的天才，但他们往往有二重人格。

所谓成熟是指适应社会现成准则的能力。一般来说，一个人如果过于专注于精神世界里的探索，就会没有兴趣也没有精力去琢磨如何使自己适应社会。年龄的增长在这里是无济于事的，因为精神的探索永无止境，而且在这一条道路上走得越远的人，就越不可能回过头来补习处世的基础课程，就像我们无法让一个优秀的科学家回到小学课堂上来做一个好学生一样。

偏才或有强的感情，或有强的理智，或有强的意志。全才三者俱强，因而要忍受最强烈的内部冲突，但也因此有最深刻的体验和最高的成就。最强的本能受到最深的潜抑，从而有最耀眼的升华。

天才三境界：入世随俗，避世隐居，救世献身。

天才是如何被承认的？几种假说——

其一，级差承认：二等才智承认一等才智，三等承认二等，以此类推，至于普通人，使天才终于在民众中树立起了声誉。当然，仅仅是声誉，其代价便是误解的递增。

其二，连锁承认：在众多天才中，某一天才因为种种偶然性的凑合而被承认，于是人们也承认他所欣赏的一系列天才，这些天才中每人所欣赏的天才，就像滚雪球一样。

其三，然而，最准确的说法也许是，天才是通过被误解而得到承认的。世人承认其显而易见的智力，同时又以平庸的心智度天才的思想。归根到底，只有天才才能完全理解天才，庸人只是起哄罢了。

天才因其被误解而成其伟大。这话可有三解：第一，越是独特的天才，与常人越缺少共同之处，因而越是不被理解和易遭误解。所以，误解的程度适见出独特和伟大的程度。第二，天才之被承认为伟大，必是在遭到普遍的误解之后，人们接受了用自己的误解改造过的这天才形象，于是承认其伟大——即承认其合自己的口味。第三，天才的丰富性和神秘性为世世代代的误解留下了广阔的余地，愈是伟大的天才愈是一个谜，愈能激起人们猜测他、从而误解他的兴趣。伟大与可误解度成正比。

也许，天才最好的命运是留下了著作，在人类的世代延续中，他的思想不时地在个别人心灵上引起震颤和共鸣。这就是他的不朽和复活。较坏的是著作失传，思想湮灭。最坏的是他的著作成为经典，他的名字成为偶像，他的思想成为教条。

对天才是无法盖棺论定的。天才在受到崇拜的同时总是遭到误解和曲解，引起永无止息的争论。也许，不能盖棺论定本身就证明了伟大。

盖棺论定也许适用于二、三流的思想家，可是对于天才并不适用。天才犹如自然，本身包含着巨大的丰富性和复杂性，为世世代代的争论留下了广阔的余地。有哪一个独创性的思想家，不是在生前死后戏剧性地经历着被误解、被"发现"、又被误解、又被重新"发现"的过程呢？

历史上有一些人才辈出的名门，但也有许多天才无家族史可寻。即使在优秀家族中，所能遗传的也只是高智商，而非天才。天才的诞生是一个超越于家族的自然事件和文化事件，在自然事件这一面，毋宁说天才是人类许多世代之精华的遗传，是广阔范围内无血缘关系的灵魂转世，是钟天地之灵秀的产物，是大自然偶一为之的杰作。

天才的可靠标志不是成功，而是成功之后的厌倦。

天才是脆弱的，一点病菌、一次车祸、一个流氓就可以致他于死命。

天才不走运会成为庸人，庸人再走运也成不了天才。

一个青年对我说："我就是尼采！"

我答道：是吗？尼采是天才。每个天才都是独一无二、不可重复的。你重复了尼采，所以你不是天才，所以你不是尼采。

天才往往有点疯，但疯子不等于是天才。自命天才的人老在这一点上发生误解。

天才与疯子，奇人与骗子，均在似是而非之间。

世上有一个天才，就有一千个自命天才的疯子。有一个奇人，就有一万个冒充奇人的骗子。

俗人有卑微的幸福，天才有高贵的痛苦，上帝的分配很公平。对此愤愤不平的人，尽管自命天才，却比俗人还不如。

创 造

在我看来，创造在生活中所占据的比重，乃是衡量一个人的生活质量的主要标准。

人之区别于动物就在于人有一个灵魂，灵魂使人不能满足于动物式的生存，而要追求高出于生存的价值，由此展开了人的精神生活。大自然所赋予人的只是生存，因而，人所从事的超出生存以上的活动都是给大自然的安排增添了一点新东西，无不具有创造的性质。正是在创造中，人用行动实现着对真、善、美的追求，把自己内心所珍爱的价值变成可以看见和感觉到的对象。

决定一种活动是否具有创造性的关键在于有无灵魂的真正参与。一个画匠画了一幅毫无灵感的画，一个学究写了一本人云亦云的书，他们都不是在创造。相反，如果你真正陶醉于一片风景、一首诗、一段乐曲的美，如果你对某个问题形成了你的独特的见解，那么你就是在创造。

真正的创造是不计较结果的，它是一个人的内在力量的自然而然的实现，本身即是享受。

一个人只是为谋生或赚钱而从事的活动都属于劳作，而他出于自己的真兴趣和真性情从事的活动则属于创造。劳作仅能带来外在的利益，唯创造才能获得心灵的快乐。但外在的利益是一种很实在的诱惑，往往会诱使人们无休止地劳作，竟至于一辈子体会不到创造的乐趣。

繁忙中清静的片刻是一种享受，而闲散中紧张创作的片刻则简直是一种幸福了。

一个人的工作是否值得尊敬，取决于他完成工作的精神而非行为本身。这就好比造物主在创造万物之时，是以同样的关注之心创造一朵野花、一只小昆虫或一头巨象的。无论做什么事情，都力求尽善尽美，并从中获得极大的快乐，这样的工作态度中蕴涵着一种神性，不是所谓职业道德或敬业精神所能概括的。

一个醉心于自己的工作的人，他不会向休闲要求文化。对他来说，休闲仅是工作之后的休整。

"休闲文化"大约只对两种人有意义，一种是辛苦劳作但从中体会不到快乐的人，另一种是没有工作要做的人，他们都需要用某种特别的或时髦的休闲方式来证明自己也有文化。

我不反对一个人兴趣的多样性，但前提是有自己热爱的主要工作，唯有如此，当他进入别的领域时，才可能添入自己的一份意趣，而不只是凑热闹。

一切从工作中感受到生命意义的人，勋章不能报偿他，亏待也不会使他失落。内在的富有找不到、也不需要世俗的对应物。像托尔斯泰、卡夫卡、爱因斯坦这样的人，没有得诺贝尔奖于他们何损，得了又能增加什么？只有那些内心中没有欢乐源泉的人，才会斤斤计较外在的得失，孜孜追求教授的职称、部长的头衔和各种可笑的奖状。他们这样做很可理解，因为倘若没有这些，他们便一无所有。

圣埃克苏佩里把创造定义为"用生命去交换比生命更长久的东西"，我认为非常准确。创造者与非创造者的区别就在于，后者只是用生命去交换维持生命的东西，仅仅生产自己直接或间接用得上的财富；相反，前者工作是为了创造自己用不上的财富，生命的意义恰恰是寄托在这用不上的财富上。

真正的创造是不计较结果的，它是一个人的内在力量的自然而然的实现，本身即是享受。只要你的心灵是活泼的，敏锐的，只要你听从这心灵的吩咐，去做能真正使它快乐的事，那么，不论你终于做成了什么事，也不论社会对你的成绩怎样评价，你都是度过了一个幸福的人生。

在一切精神创造中，灵魂永远是第一位的。艺术是灵魂寻找形式的活动，如果没有灵魂的需要，对形式的寻找就失去了动力。那些平庸之辈之所以在艺术形式上满足于抄袭、时髦和雷同，不思创造，或者刻意标新立异，不去寻找真正适合于自己的形式，根本原因就是没有自己的灵魂需要。

每一个伟大的精神创造者，不论从事的是哲学、文学还是艺术，都有两个显著特点。一是具有内在的一贯性，其所有作品是一个整体。在一定意义上可以说，每一个伟大的哲学家一辈子只在思考一个问题，每一个伟大的艺术家一辈子只在创作一部作品。另一是具有挑战性，不但向外界挑战，而且向自己挑战，不断地突破和超越自己，不断地在自己的问题方向上寻找新的解决。

在精神创造的领域内，不可能有真正的合作，充其量只能有交流。在这个领域内，一切严肃伟大的事情都是由不同的个人在自甘寂寞中独立完成的。他们有时不妨聚在一起轻松地玩玩，顺便听听别人在做些什么事，以便正确估价自己所做的事。这是工作之余的休息，至于工作，却是要各人关起门来单独进行的。

成 功

事业是精神性追求与社会性劳动的统一，精神性追求是其内涵和灵魂，社会性劳动是其形式和躯壳，二者不可缺一。

所以，一个仅仅为了名利而从政、经商、写书的人，无论他在社会上获得了怎样的成功，都不能说他有事业。

所以，一个不把自己的理想、思考、感悟体现为某种社会价值的人，无论他内心多么真诚，也不能说他有事业。

在人生中，职业和事业都是重要的。大抵而论，职业关系到生存，事业关系到生存的意义。在现实生活中，两者的关系十分复杂，从重合到分离、背离乃至于根本冲突，种种情形都可能存在。

我们都很在乎成功和失败，但对之的理解却很不一样，有必要做出区分。譬如说，通常有两种不同的含义。其一是指外在的社会遭际，飞黄腾达为成，穷困潦倒为败；其二是指事业上的追求，目标达到为成，否则为败。可以肯定，抽象地谈问题，人们一定会拥护第二义而反对第一义。但是，事业有大小，目标有高低，所谓事业成败的意义也就十分有限。我不知道如何衡量人生的成败，也许人生是超越所谓成功和失败的评价的。

在上帝眼里，伟大的失败也是成功，渺小的成功也是失败。

成功是一个社会概念，一个直接面对上帝和自己的人是不会太看重它的。

我对成功的理解：把自己喜欢的事做得尽善尽美，让自己满意，不要去管别人怎么说。

成功不是衡量人生价值的最高标准，比成功更重要的是，一个人要拥有内在的丰富，有自己的真性情和真兴趣，有自己真正喜欢做的事。只要你有自己真正喜欢做的事，你就在任何情况下都会感到充实和踏实。

那些仅仅追求外在成功的人实际上是没有自己真正

喜欢做的事的，他们真正喜欢的只是名利，一旦在名利场上受挫，内在的空虚就暴露无遗。

也许，在任何时代，从事精神创造的人都面临着这个选择：是追求精神创造本身的成功，还是追求社会功利方面的成功？前者的判官是良知和历史，后者的判官是时尚和权力。在某些幸运的场合，两者会出现一定程度的一致，时尚和权力会向已获得显著成就的精神创造者颁发证书。但是，在多数场合，两者往往偏离甚至背道而驰，因为它们毕竟是性质不同的两件事，需要花费不同的功夫。

有一些渺小的人获得了虚假的成功，他们的成功很快就被历史遗忘了。有一些伟大的人获得了真实的成功，他们的成功被历史永远记住了。但是，我知道，还有许多优秀的人，他们完全淡然于成功，最后也确实与成功无缘。对于这些人，历史既没有记住他们，也没有遗忘他们，他们是超越于历史之外的。

在确定自己的人生目标时，不应该把成功作为首选。首要的目标应该是优秀，其次才是成功，成功应该是优秀的副产品。

所谓优秀，是指一个人的内在品质，有高尚的人格和真实的才学。一个优秀的人，即使他在名利场上不成功，他仍能有充实的心灵生活，他的人生仍是充满意义的。相反，一个平庸的人，即使他在名利场上风光十足，他也只是在混日子，至多是混得好一些罢了。

一个人能否成为优秀的人，基本上是可以自己做主的，能否在社会上获得成功，则在相当程度上要靠运气。所以，应该把成功看做优秀的副产品，不妨在优秀的基础上争取它，得到了最好，得不到也没有什么。在根本的意义上，作为一个人，优秀就已经是成功。

对于真正有才华的人来说，机会是会以各种面目出现的。

有一种人追求成功，只是为了能居高临下地蔑视成功。

每一个人的人生都面临许多可能性，也都只能实现其中也许很少一部分可能性。实现多少和哪些可能性，实现到什么程度，因人而异。这不仅取决于机会，也取决于目标的定位。目标的定位，需要有坐标。坐标分两类，一是功利性的，一是精神性的。只有功利性坐标的人，生活得实际，但他的人生其实是很狭隘也很单调的。相反，精神性坐标面向人生整体，一个人有了这样的坐标，虽然也只能实现人生有限的可能性，但其余一切丰富的可能性仍始终存在，成为他的人生的理想的背景和意义的来源。

面前纵横交错的路，每一条都通往不同的地点。那心中只有一个物质目标而没有幻想的人，一心一意走在其中的一条上，其余的路对于他等于不存在。那心中有幻想而没有任何目标的人，漫无头绪地尝试着不同的路线，结果也许只是在原地转圈子。那心中既有幻想又有精神目标的人，他走在一切可能的方向上，同时始终是走在他自己的路上。

我相信，从理论上说，每一个人的禀赋和能力的基本性质是早已确定的，因此，在这个世界上必定有一种最适合他的事业，一个最适合他的领域。当然，在实践中，他能否找到这个领域，从事这种事业，不免会受客观情势的制约。但是，自己应该有一种自觉，尽量缩短寻找的过程。在人生的一定阶段上，一个人必须知道自己是怎样的人，到底想要什么了。

世界无限广阔，诱惑永无止境，但属于每一个人的现实可能性终究是有限的。你不妨对一切可能性保持着开放的心态，因为那是人生魅力的源泉，但同时你也要早一些在世界之海上抛下自己的锚，找到最适合自己的领域。

一个人不论伟大还是平凡，只要他顺应自己的天性，找到了自己真正喜欢做的事，并且一心把自己喜欢做的事做得尽善尽美，他在这世界上就有了牢不可破的家园。于是，他不但会有足够的勇气去承受外界的压力，而且会有足够的清醒来面对形形色色的机会的诱惑。

孔子说："三十而立。"我对此话的理解是：一个人在进入中年的时候，应该确立起生活的基本信念了。所谓生活信念，第一是做人的原则，第二是做事的方向。也就是说，应该知道自己在这个世界上要做怎样的人，想做怎样的事了。

　　一个人年轻时，外在因素——包括所遇到的人、事情和机会——对他的生活信念会发生较大的影响。但是，在达到一定年龄以后，外在因素的影响就会大大减弱。那时候，如果他已经形成自己的生活信念，外在因素就很难再使之改变；如果仍未形成，外在因素也就很难再使之形成了。

幽　默

　　幽默是凡人而暂时具备了神的眼光，这眼光有解放心灵的作用，使人得以看清世间一切事情的相对性质，从而显示了一切执著态度的可笑。

　　有两类幽默最值得一提。一是面对各种偶像尤其是道德偶像的幽默，它使偶像的庄严在哄笑中化作笑料。然而，比它更伟大的是面对命运的幽默，这时人不再是与地上的假神开玩笑，而是直接与天神开玩笑；一个在最悲惨的厄运和苦难中仍不失幽默感的人的确是更有神性的，他藉此而站到了自己的命运之上，并以此方式与命运达成了和解。

　　幽默是心灵的微笑。最深刻的幽默是一颗受了致命伤的心灵发出的微笑。受伤后衰竭，麻木，怨恨，这样的心灵与幽默无缘。幽默是受伤的心灵发出的健康、机智、宽容的微笑。

　　幽默是一种轻松的深刻。面对严肃的肤浅，深刻露出了玩世不恭的微笑。

幽默是智慧的表情，它教不会，学不了。有一本杂志声称它能教人幽默，从而轻松地生活。我不曾见过比这更缺乏幽默感的事情。

幽默是对生活的一种哲学式态度，它要求与生活保持一个距离，暂时以局外人的眼光来发现和揶揄生活中的缺陷。毋宁说，人这时成了一个神，他通过对人生缺陷的戏侮而暂时摆脱了这缺陷。

也许正由于此，女人不善幽默，因为女人是与生活打成一片的，不易拉开幽默所必需的距离。

有超脱才有幽默。在批评一个无能的政府时，聪明的政客至多能讽刺，老百姓却很善于幽默，因为前者觊觎着权力，后者则完全置身在权力斗争之外。

托尔斯泰有一种不露声色的幽默。他能发现别人容易忽略的可笑现象，然后叙述出来。是的，他只是叙述，如实地叙述，决不描绘，决不眉飞色舞，决不做鬼脸。可是那力量却异常之大，这是真实的力量。

幽默源自人生智慧，但有人生智慧的人不一定是善于幽默的人，其原因大概在于，幽默同时还是一种才能。然而，倘若不能欣赏幽默，则不仅是缺乏才能的问题了，肯定也暴露了人生智慧方面的缺陷。

自嘲就是居高临下地看待自己的弱点，从而加以宽容。自嘲把自嘲者和他的弱点分离开来了，这时他仿佛站到了神的地位上，俯视那个有弱点的凡胎肉身，用笑声表达自己凌驾其上的优越感。

但是，自嘲者同时又明白并且承认，他终究不是神，那弱点确实是他自己的弱点。

所以，自嘲混合了优越感和无奈感。

自嘲使自嘲者居于自己之上，从而也居于自己的敌手之上，占据了一个优势的地位。自嘲使敌手的一切可能的嘲笑丧失了杀伤力。

通过自嘲，人把自己的弱点变成了特权。对于这特权，旁人不但不反感，而且乐于承认。

傻瓜从不自嘲。聪明人嘲笑自己的失误。天才不仅嘲笑自己的失误，而且嘲笑自己的成功。看不出人间一切成功的可笑的人，终究还是站得不够高。

幽默和嘲讽都包含某种优越感，但其间有品位高下之分。嘲讽者感到优越，是因为他在别人身上发现了一种他相信自己决不会有的弱点，于是发出幸灾乐祸的冷笑。幽默者感到优越，则是因为他看出了一种他自己也不能幸免的人性的普遍弱点，于是发出宽容的微笑。

幽默的前提是一种超脱的态度，能够俯视人间的一切是非包括自己的弱点。嘲讽却是较着劲的，很在乎自己的对和别人的错。

讽刺与幽默不同。讽刺是社会性的，幽默是哲学性的。讽刺人世，与被讽刺对象站在同一水准上，挥戈相向，以击伤对手为乐。幽默却源于精神上的巨大优势，居高临下，无意伤人，仅以内在的优越感自娱。讽刺针对具体的人和事，幽默则是对人性本身必不可免的弱点发出宽容的也是悲哀的微笑。

幽默与滑稽是两回事。幽默是智慧的闪光，能博聪明人一笑。滑稽是用愚笨可笑的举止逗庸人哈哈。但舞台上的滑稽与生活中的滑稽又有别：前者是故意的，自知可笑，偏要追求这可笑的效果；后者却是无意的，自以为严肃正经，因而更可笑——然而只有聪明人能察觉这可笑。所以，生活中的滑稽的看客仍是聪明人。当滑稽进入政治生活而影响千百万人的命运时，就变成可悲了。当然，同时还是可笑的。因此，受害者仍免不了作为看客而开颜一笑，倒也减轻了受害的痛苦。

西方人在危险当头时幽默，中国人在危险过去后幽默。

那种毫无幽默感的人，常常把隐蔽的讽刺听做夸奖，又把善意的玩笑听做辱骂。

爱智慧的人往往会情不自禁地欣赏敌手的聪明的议论，即使听到骂自己的俏皮话也会宽怀一笑。

但世上多的是相反类型的人，他们在争论中只看见意见，只想到面子，对智慧的东西毫无反应。

真 实

活得真诚、独特、潇洒，这样活当然很美。不过，首先要活得自在，才谈得上这些。如果你太关注自己活的样子，总是活给别人看，或者哪怕是活给自己看，那么，你愈是表演得真诚、独特、潇洒，你实际上却活得愈是做作、平庸、拘谨。

一个人内心生活的隐秘性是在任何情况下都应该受到尊重的，因为隐秘性是内心生活的真实性的保障，从而也是它的存在的保障，内心生活一旦不真实就不复是内心生活了。

如果我们不把记事本、备忘录之类和日记混为一谈的话，就应该承认，日记是最纯粹的私人写作，是个人精神生活的隐秘领域。在日记中，一个人只面对自己的灵魂，只和自己的上帝说话。这的确是一个神圣的约会，是决不容许有他人在场的。如果写日记时知道所写的内容将被另一个人看到，那么，这个读者的无形在场便不可避免地会改变写作者的心态，使他有意无意地用这个读者的眼光来审视自己写下的东西。结果，日记不再成其为日记，与上帝的密谈蜕变为向他人的倾诉和表白，社会关系无耻地占领了个人的最后一个精神密室。当一个人在任何时间内，包括在写日记时，面对的始终是他人，不复能够面对自己的灵魂时，不管他在家庭、社会和一切人际关系中是一个多么诚实的人，他仍然失去了最根本的真实，即面对自己的真实。

任何一种真实的活法必定包含两个要素，一是健康的生命本能，二是严肃的精神追求。生命本能受到压制，委靡不振，是活得不真实。精神上没有严肃的追求，随波逐流，也是活得不真实。这两个方面又是互相依存的，生命本能若无精神的目标是盲目的，精神追求若无本能的发动是空洞的。

真实不在这个世界的某一个地方，而是我们对这个世界的一种态度，是我们终于为自己找到的一种生活信念和准则。

真实是最难的，为了它，一个人也许不得不舍弃许多好东西：名誉，地位，财产，家庭。但真实又是最容易的，在世界上，唯有它，一个人只要愿意，总能得到和保持。

人不可能永远真实，也不可能永远虚假。许多真实中一点虚假，或许多虚假中一点真实，都是动人的。最令人厌倦的是一半对一半。

纯洁做不到，退而求其次——真实。真实做不到，再退而求其次——糊涂。可是郑板桥说：难得糊涂。还是太纯洁了。

真正有独特个性的人并不竭力显示自己的独特，他不怕自己显得与旁人一样。那些时时处处想显示自己与众不同的人，往往是一些虚荣心十足的平庸之辈。

质朴最不容易受骗，连成功也骗不了它。

"以真诚换取真诚！"——可是，这么一换，双方不是都失去自己的真诚了吗？

刻意求真实者还是太关注自己的形象，已获真实者只是活得自在罢了。

在不能说真话时，宁愿不说话，也不要说假话。
必须说假话的场合是极其稀少的。
不能说真话而说真话，蠢。不必说假话而说假话，也蠢。
如果不说话也不能呢？那就说真话吧，因为归根到底并不存在绝对不能说真话的情况，只要你敢于承担其后果。

撒谎是容易的，带着这谎活下去却是麻烦事，从此你成了它的奴隶，为了圆这谎，你不得不撒更多的也许违背你的心愿且对你有害的谎。

一个人预先置身于墓中，从死出发来回顾自己的一生，他就会具备一种根本的诚实，因为这时他面对的是自己和上帝。人只有在面对他人时才需要掩饰或撒谎，自欺者所面对的也不是真正的自己，而是自己在他人面前扮演的角色。

处 世

尽量不动感情，作为一个认识者面对一切纷扰，包括针对你的纷扰，这可以使你占据一个优越的地位。这时候，那些本来使你深感屈辱的不公正行为都变成了供你认识的材料，从而减轻了它们对你的杀伤力。

一本浅薄的书，往往只要翻几页就可以察知它的浅薄；一本深刻的书，却多半要在仔细读完了以后才能领会它的深刻。

一个平庸的人，往往只要谈几句话就可以断定他的平庸；一个伟大的人，却多半要在长期观察了以后才能确信他的伟大。

我们凭直觉可以避开最差的东西，凭耐心和经验才能得到最好的东西。

有时候，最艰难、最痛苦的事情是做决定。一旦做出，便只要硬着头皮执行就可以了。

不要出于同情心而委派一个人去做他很想做的可是

力不能及的事，因为任人不是慈善事业，我们可以施舍钱财，却无法施舍才能。

看透大事者超脱，看不透大事者执著；看透小事者豁达，看不透小事者计较。
一个人可能超脱而计较，头脑开阔而心胸狭窄；也可能执著而豁达，头脑简单而心胸开朗。
还有一种人从不想大事，他们是天真的或糊涂的。

一个人简单就会显得年轻，一世故就会显老。

懦弱：懦则弱。顽强：顽则强。那么，别害怕，坚持住，你会发现自己是个强者。

世上许多事，只要肯动手做，就并不难。万事开头难，难就难在人皆有懒惰之心，因为怕麻烦而不去开这个头，久而久之，便真觉得事情太难而自己太无能了。于是，以懒惰开始，以怯懦告终，懒汉终于变成了弱者。

在较量中，情绪激动的一方必居于劣势。

假如某人暗中对你做了坏事，你最好佯装不知。否则，只会增加他对于你的敌意。他因为推测到你会恨他而愈益恨你了。

真诚如果不讲对象和分寸，就会沦为可笑。真诚受到玩弄，其狼狈不亚于虚伪受到揭露。

对待世俗的三种居高临下的态度：一，天才：藐视；二，智者：超脱；三，英雄：征服。

在各色领袖中，三等人物恪守民主，显得平庸；二等人物厌恶民主，有强大的个人意志和自信心；一等人物超越民主，有一种大智慧和大宽容。

人生中的有些错误也许是不应当去纠正的，一纠正便犯了新的、也许更严重的错误。

舆论对于一个人的意义取决于这个人自身的素质。对于一个优秀者来说，舆论不过是他所蔑视的那些人的意见，他对这些意见也同样持蔑视的态度。只要他站得足够高，舆论便只是脚下很远的地方传来的轻微的噪音，决不会对他构成真正的困扰。唯有与舆论同质的俗人才会被舆论所支配，因为作为俗人之见，舆论同时也是他们自己的意见，是他们不能不看重的。

舆论是多数人的意见，并且仅对多数人具有支配的力量。当然，多数人也很想用舆论来支配少数人，禁止少数人的不同意见。但是，如果不是辅之以强权，舆论便无此种力量。一个优秀者面对强权也可能有所顾忌，这是可以理解的。撇开这种情形不谈，倘若他对舆论本身也十分在乎，那么，我们就必须对他的优秀表示怀疑，因为他内心深处很可能是认同多数人的意见而并没有自己的独立见解的。

"走自己的路，让他们去说吧！"——因为他们反正是要说的！你的幸与不幸并不关他们的痛痒，他们不过是拿来做茶余饭后的谈资罢了。所以，你完全不必理会他们，尤其在关涉你自身命运的问题上要自己拿主意。须知你不是为他们活着，至少不是为他们茶余饭后的闲谈活着。

舆论是最不留情的，同时又是最容易受愚弄的。于是，有的人被舆论杀死，又有的人靠舆论获利。

　　对于新的真理的发现者，新的信仰的建立者，舆论是最不肯宽容的。如果你只是独善其身，自行其是，它就嘲笑你的智力，把你说成一个头脑不正常的疯子或呆子，一个行为乖僻的怪人。如果你试图兼善天下，普渡众生，它就要诽谤你的品德，把你说成一个心术不正、妖言惑众的妖人、恶人、罪人了。

名 声

叔本华把尊严和名声加以区分：尊严关涉人的普遍品质，乃是一个人对于自身人格的自我肯定；名声关涉一个人的特殊品质，乃是他人对于一个人的成就的肯定。人格卑下，用尊严换取名声，名声再大，也只是臭名远扬罢了。

由于名声有赖于他人的肯定，容易受舆论、时尚、机遇等外界因素支配，所以，古来贤哲多主张不要太看重名声，而应把自己所可支配的真才真德放在首位。孔子说："人不知，而不愠，不亦君子乎？""不患莫己知，求为可知也。"就是这个意思。

名声还有一个坏处，就是带来吵闹和麻烦。风景一成名胜，便游人纷至，人出名也如此。"树大招风"，名人是难得安宁的。笛卡尔说他痛恨名声，因为名声夺走了他最珍爱的精神的宁静。

我们喜欢听赞扬要大大超过我们自己愿意承认的程

度，尤其是在那些我们自己重视的事情上。在这方面，我们的趣味很不挑剔，证据是对我们明知言过其实的赞扬，我们也常常怀着感谢之心当做一种善意接受下来。我们不忍心把赞扬我们的人想得太坏，就像不放心把责备我们的人想得太好一样。

很少有人真心蔑视名声。一个有才华的人蔑视名声有两种情况：一是他没有得到他自认为应该得到的名声，他用蔑视表示他的愤懑；一是他已经得到名声并且习以为常了，他用蔑视表示他的不在乎。真的不在乎吗？好吧，试着让他失去名声，重新被人遗忘，他就很快又会愤懑了。

古希腊晚期的一位喜剧家在缅怀早期的七智者时曾说："从前世界上只有七个智者，而如今要找七个自认不是智者的人也不容易了。"现在我们可以说：从前几十年才出一个文化名人，而如今要在文化界找一个自认不是名人的人也不容易了。

无论是见名人，尤其是名人意识强烈的名人，还是被人当做名人见，都是最不舒服的事情。在这两种情形下，我的自由都受到了威胁。

世上多徒有其名的名人，有没有名副其实的呢？没有，一个也没有。名声永远是走样的，它总是不合身，非宽即窄，而且永远那么花哨，真正的好人永远比他的名声质朴。

无论什么时候，这个世界决不会缺少名人。一些名人被遗忘了，另一些名人又会被捧起来。剧目换了，演员跟着换。哪怕观众走空，舞台决不会空。

当然，名人和伟人是两码事，就像登台表演未必便是艺术家。

一个人不拘通过什么方式或因为什么原因出了名，他便可以被称作名人，这好像也没有大错。不过，我总觉得应该在名人和新闻人物之间做一区分。当然，新闻人物并非贬称，也有光彩的新闻人物，一个恰当的名称叫做明星。在我的概念中，名人是写出了名著或者立下了别的卓越功绩因而在青史留名的人，判断的权力在历史，明星则是在公众面前频频露面因而为公众所熟悉的人，判断的权力在公众，这便是两者的界限。

有两类名人：一类是因为写出了名著，拍出了名片，或者立下了别的著名的功绩，遂成名人；另一类是因为在公众面前频频露面，遂成名人。两者当然不可同日而语。为了加以区分，可把后者统称为明星。我们时代最可笑的误解之一便是，以为只要成了明星，写出的书就一定是名著。

煊赫的名声是有威慑力的，甚至对才华横溢如海涅者也是如此。一旦走近名人身旁，他所必有的普通人的外观就会使人松一口气。同时，如果这位名人确是伟人，晋见者将会发现，乍见面就同他谈论伟大的事物该显得多么不自量力。于是海涅谈起了李子的味道。歌德含笑不语，因为他明察海涅此举乃出于放松和紧张双重原因，这个老滑头！

赫赫有名者未必优秀，默默无闻者未必拙劣。人如此，自然景观也如此。

人怕出名，风景也怕出名。人一出名，就不再属于自己，慕名者络绎来访，使他失去了宁静的心境以及和二三知友相对而坐的情趣。风景一出名，也就沦入凡尘，游人云集，使它失去了宁静的环境以及被真正知音赏玩的欣慰。

当世人纷纷拥向名人和名胜之时，我独爱潜入陋巷僻壤，去寻访不知名的人物和景观。

其实，庐山本来何尝有什么景点？陶渊明嗜酒，"醉辄卧石上"，所卧之石不知几许，后人偏要指庐山某石为陶之"醉石"。白居易爱花，"山寺桃花始盛开"，所见不过桃花数丛，后人偏要指庐山某处为白之"花径"。"无名天地之始"，何况一石一径？可叹世人为名所惑，蜂拥而至，反而看不见满山无名的巉岩和幽径，遂使世上不复有陶白之风流。

做名人要有两种禀赋：一是自信，在任何场合都觉得自己是一个人物，是当然的焦点和中心；二是表演的欲望和能力，渴望并且善于制造自己出场的效果。

我不愿用情人脸上的一个微笑换取身后一个世代的名声。

角 色

"成为你自己!"——这句话如同一切道德格言一样知易行难。我甚至无法判断,我究竟是否已经成为了我自己。角色在何处结束,真实的自我在何处开始,这界限常常是模糊的。有些角色仅是服饰,有些角色却已经和我们的躯体生长在一起,如果把它们一层层剥去,其结果比剥葱头好不了多少。

演员尚有卸妆的时候,我们却生生死死都离不开社会的舞台。在他人目光的注视下,甚至隐居和自杀都可以是在扮演一种角色。

也许,只有当我们扮演某个角色露出破绽时,我们才得以一窥自己的真实面目。

人在社会上生活,不免要担任各种角色。但是,倘若角色意识过于强烈,我敢断言一定出了问题。一个人把他所担任的角色看得比他的本来面目更重要,无论如何暴露了一种内在的空虚。我不喜欢和一切角色意识太强烈的人打交道,例如名人意识强烈的名流,权威意识强烈的学者,长官意识强烈的上司等等,那会使我感到太累。我不相信他们自己不累，因为这类人往往也摆脱不掉别的角色感，在儿女面前会端起父亲的架子，在自己的上司面前要表现下属的谦恭，就像永不卸妆的演员一样。人之扮演一定的社会角色也许是迫不得已的事，依我的性情，能卸妆时且卸妆，要尽可能自然地生活。

我心中有一个声音，它是顽强的，任何权势不能把它压灭。可是，在日常的忙碌和喧闹中，它却会被冷落、遗忘，终于喑哑了。

人不易摆脱角色。有时候，着意摆脱所习惯的角色，本身就是在不由自主地扮演另一种角色。反角色也是一种角色。

一种人不自觉地要显得真诚，以他的真诚去打动人并且打动自己。他自己果然被自己感动了。

一种人故意地要显得狡猾，以他的狡猾去魅惑人并且魅惑自己。他自己果然怀疑起自己来了。

潇洒就是自然而不做作，不拘束。然而，在实际上，只要做作得自然，不露拘束的痕迹，往往也就被当成了潇洒。

如今，潇洒成了一种时髦，活得潇洒成了一句口号。人们竞相做作出一种自然的姿态，恰好证明这是一个多么不自然的时代。

什么是虚假？虚假就是不真实，或者，故意真实。"我一定要真实！"——可是你已经在虚假了。

什么是做作？做作就是不真诚，或者，故意真诚。"我一定要真诚！"——可是你已经在做作了。

对于有的人来说，真诚始终只是他所喜欢扮演的一种角色。他极其真诚地进入角色，以至于和角色打成一片，相信角色就是他的真我，不由自主地被自己如此真诚的表演所感动了。

如果真诚为一个人所固有，是出自他本性的行为方式，他就决不会动辄被自己的真诚所感动。犹如血型和呼吸，自己甚至不可觉察，谁会对自己的血型和呼吸顾影自怜呢？

由此我获得了一个鉴定真诚的可靠标准，就是看一个人是否被自己的真诚所感动。一感动，就难免包含演戏和做作的成分了。

偶尔真诚一下、进入了真诚角色的人，最容易被自己的真诚感动。

一个人可以承认自己有种种缺点，但决不肯承认自己虚伪，不真诚。承认自己不真诚，这本身需要极大的真诚。有时候一个人似乎敢承认自己不真诚了，但同时便从这承认中获得非常的满足，觉得自己在本质上是多么真诚，比别人都真诚：你们不敢承认，我承认了！于是，在承认的同时，也就一笔抹杀了自己的不真诚。归根到底还是不承认。对虚伪的承认本身仍然是一种虚伪。

有做作的初学者，他其实还是不失真实的本性，仅仅在模仿做作。到了做作而不自知是做作，自己也动了真情的时候，做作便成了本性，这是做作的大师。

真诚者的灵魂往往分裂成一个法官和一个罪犯。当法官和罪犯达成和解时，真诚者的灵魂便得救了。

做作者的灵魂往往分裂成一个戏子和一个观众。当戏子和观众彼此厌倦时，做作者的灵魂便得救了。

第四篇　高贵的灵魂

　　高贵者的特点是极其尊重他人，他的自尊正因此得到了最充分的体现。人的灵魂应该是高贵的，人应该做精神贵族，世上最可恨也最可悲的岂不是那些有钱有势的精神贱民？

灵 魂

我不相信上帝，但我相信世上必定有神圣。如果没有神圣，就无法解释人的灵魂何以会有如此执拗的精神追求。用感觉、思维、情绪、意志之类的心理现象完全不能概括人的灵魂生活，它们显然属于不同的层次。灵魂是人的精神生活的真正所在地，在这里，每个人最内在深邃的"自我"直接面对永恒，追问有限生命的不朽意义。

古往今来，以那些最优秀的分子为代表，在人类中始终存在着一种精神性的渴望和追求。人身上发动这种渴望和追求的那个核心显然不是肉体，也不是以求知为鹄的的理智，我们只能称之为灵魂。我在此意义上相信灵魂的存在。

与那些世界征服者相比，精神探索者们是一些更大的冒险家，因为他们想得到的是比世界更宝贵更持久的东西。

灵魂在自然界里没有根据，用生存竞争完全解释不了其来源。事实上，灵魂对生存有百害而无一利，有纯正精神追求的人在现实生活中往往是倒霉蛋。

灵魂是看不见、摸不着的，它不像眼睛、耳朵、四肢、胃、心脏、大脑那样是人体的一个器官。但是，根据人有着不同于肉身生活的精神生活，我们可以相信它是存在的。其实，所谓灵魂，也就是承载我们的精神生活的一个内在空间罢了。

"灵魂"这个词实际上指的是人的内在的精神渴望，更准确地说，是人身上发动精神性渴望和追求的那个核心。

我不知道基督教所许诺的灵魂不死最终能否兑现，但我确信人是有灵魂的，其证据是人并不因肉体欲望的满足而满足，世上有一些人更多地受精神欲望的折磨。我的大部分文章正是为了疗治自己的人生困惑和精神苦恼而写的，将心比心，我相信同时代一定还有许多人和我面临并思索着同样的问题。

人的灵魂渴望向上，就像游子渴望回到故乡一样。

灵魂的故乡在非常遥远的地方，只要生命不止，它就永远在思念，在渴望，永远走在回乡的途中。至于这故乡究竟在哪里，却是一个永恒的谜。我们只好用寓言的方式说，那是一个像天堂一样美好的地方。我们岂不是在同样的意义上说，灵魂是我们身上的神性，当我们享受灵魂的愉悦时，我们离动物最远而离神最近？

我们当然不能也不该否认肉身生活的必要，但是，人的高贵却在于他有灵魂生活。作为肉身的人，人并无高低贵贱之分。唯有作为灵魂的人，由于内心世界的巨大差异，人才分出了高贵和平庸，乃至高贵和卑鄙。

光照进人的心，心被精神之光照亮了，人就有了一个灵魂。有的人拒绝光，心始终是黑暗的，活了一世而未尝有灵魂。用不着上帝来另加审判，这本身即已是最可怕的惩罚了。

有时候我想，人的肉体是相似的，由同样的物质组成，服从着同样的生物学法则，唯有灵魂的不同才造成了人与人之间的巨大差异。有时候我又想，灵魂是神在肉体中的栖居，不管人的肉体在肤色和外貌上怎样千差万别，那栖居于其中的必定是同一个神。

我相信，一颗优秀的灵魂，即使永远孤独，永远无人理解，也仍然能从自身的充实中得到一种满足，它在一定意义上是自足的。但是，前提是人类和人类精神的存在，人类精神的基本价值得到肯定。唯有置身于人类中，你才能坚持对于人类精神价值的信念，从而有精神上的充实自足。优秀灵魂的自爱其实源于对人类精神的泛爱。如果与人类精神永远隔绝，譬如说沦入无人地带或哪怕是野蛮部落之中，永无生还的希望，思想和作品也永无传回人间的可能，那么，再优秀的灵魂恐怕也难以自足了。

肉体会患病，会残疾，会衰老，对此我感觉到的不仅是悲哀，更是屈辱，以至于会相信这样一种说法：肉体不是灵魂的好的居所，灵魂离开肉体也许真的是解脱。

人有一个肉体似乎是一件尴尬事。那个丧子的母亲终于停止哭泣，端起饭碗，因为她饿了。那个含情脉脉的姑娘不得不离开情人一小会儿，她需要上厕所。那个哲学家刚才还在谈论面对苦难的神明般的宁静，现在却因为牙痛而呻吟不止。当我们的灵魂在天堂享受幸福或在地狱体味悲剧时，肉体往往不合时宜地把它拉回到尘世。

一个心灵美好的女人可能其貌不扬，一个灵魂高贵的男人可能终身残疾。荷马是瞎子，贝多芬是聋子，拜伦是跛子。而对一切人相同的是，不管我们如何精心调理，肉体仍不可避免地要走向衰老和死亡，拖着不屈的灵魂同归于尽。

肉体是奇妙的，灵魂更奇妙，最奇妙的是肉体居然能和灵魂结合在一起。

我爱美丽的肉体。然而，使肉体美丽的是灵魂。如果没有灵魂，肉体只是一块物质，它也许匀称，丰满，白皙，但不可能美丽。

我爱自由的灵魂。然而，灵魂要享受它的自由，必须依靠肉体。如果没有肉体，灵魂只是一个幽灵，它不再能读书，听音乐，看风景，不再能与另一颗灵魂相爱，不再有生命的激情和欢乐，自由对它便毫无意义。

所以，我更爱灵与肉的奇妙结合。

肉体使人难堪不在于它有欲望，而在于它迟早有一天会因为疾病和衰老而失去欲望，变成一个奇怪的无用的东西。这时候，再活泼的精神也只能无可奈何地眼看着肉体衰败下去，自己也终将被它拖向衰败，与它同归于尽。一颗仍然生气勃勃的心灵却注定要为背弃它的肉体殉葬，世上没有比这更使精神感到屈辱的事情了。所谓灵与肉的冲突，唯在此时最触目惊心。

不妨把灵魂定义为普遍性的精神在个体的人身上的存在，或超越性的精神在人的日常生活中的存在。一个人无论怎样超凡脱俗，总是要过日常生活的，而日常生活又总是平凡的。所以，灵魂的在场未必表现为隐居修道之类的极端形式，在绝大多数情形下，恰恰是表现为日常生活中的精神追求和精神享受。

智力可以来自祖先的遗传，知识可以来自前人的积累。但是，有一种灵悟，其来源与祖先和前人皆无关，我只能说，它直接来自神，来自世界至深的根和核心。

人是怎样获得一个灵魂的？

通过往事。

正是被亲切爱抚着的无数往事使灵魂有了深度和广度，造就了一个丰满的灵魂。在这样一个灵魂中，一切往事都继续活着：从前的露珠在继续闪光，某个黑夜里飘来的歌声在继续回荡，曾经醉过的酒在继续芳香，早已死去的亲人在继续对你说话……你透过活着的往事看世界，世界别具魅力。活着的往事——这是灵魂之所以具有孕育力和创造力的秘密所在。

我们身上的任何一个器官，当它未被欲望、冲突、病痛折磨时，我们是感觉不到它的存在的。灵魂也是如此。如果没有善与恶、理性与本能、天堂与地狱的角斗和交替，灵魂会是一个什么东西呢？

据我观察，有灵魂的人对动物的生命往往有着同情的了解。灵魂是什么？很可能是原始而又永恒的生命在某一个人身上获得了自我意识和精神表达。因此，一个有灵魂的人决不会只爱自己的生命，他必定能体悟众生一体、万有同源的真理。

日常生活到处大同小异，区别在于人的灵魂。人拥有了财产，并不等于就拥有了家园。家园不是这些绵羊、田野、房屋、山岭，而是把这一切联结起来的那个东西。那个东西除了是在寻找和感受着意义的人的灵魂，还能是什么呢？

在一个功利至上、精神贬值的社会里，适应取代创造成了才能的标志，消费取代享受成了生活的目标。在许多人心目中，"理想"、"信仰"、"灵魂生活"都是过时的空洞词眼。可是，我始终相信，人的灵魂生活比外在的肉身生活和社会生活更为本质，每个人的人生质量首先取决于他的灵魂生活的质量。

灵魂只能独行。当一个集体按照一个口令齐步走的时候，灵魂不在场。当若干人朝着一个具体的目的地结伴而行时，灵魂也不在场。不过，在这些时候，那缺席的灵魂很可能就在不远的某处，你会在众声喧哗之时突然听见它的清晰的足音。

即使两人相爱，他们的灵魂也无法同行。世间最动人的爱仅是一颗独行的灵魂与另一颗独行的灵魂之间的最深切的呼唤和应答。

灵魂的行走只有一个目标，就是寻找上帝。灵魂之所以只能独行，是因为每一个人只有自己寻找，才能找到他的上帝。

童年是灵魂生长的源头。我甚至要说，灵魂无非就是一颗成熟了的童心，因为成熟而不会再失去。圣埃克絮佩里创作的童话中的小王子说得好："使沙漠显得美丽的，是它在什么地方藏着一口水井。"我相信童年就是人生沙漠中的这样一口水井。始终携带着童年走人生之路的人是幸福的，由于心中藏着永不枯竭的爱的源泉，最荒凉的沙漠也化作了美丽的风景。

理 想

据说，一个人如果在十四岁时不是理想主义者，他一定庸俗得可怕；如果在四十岁时仍是理想主义者，他又未免幼稚得可笑。

我们或许可以引申说，一个民族如果全体都陷入某种理想主义的狂热，当然太天真；如果在它的青年人中竟然也难觅理想主义者，又实在太堕落了。

由此我又相信，在理想主义普遍遭耻笑的时代，一个人仍然坚持做理想主义者，就必定不是因为幼稚，而是因为精神上的成熟和自觉。

有两种理想：一种是社会理想，旨在救世和社会改造；另一种是人生理想，旨在自救和个人完善。如果说前者还有一个是否切合社会实际的问题，那么，对于后者来说，这个问题根本不存在。人生理想仅仅关涉个人的灵魂，在任何社会条件下，一个人总是可以追求智慧和美德的。如果你不追求，那只是因为你不想，决不能以不切实际为由来替自己辩解。

人有灵魂生活和肉身生活。灵魂生活也是人生最真实的组成部分。

理想便是灵魂生活的寄托。

所以，就处世来说，如果世道重实利而轻理想，理想主义会显得不合时宜；就做人来说，只要一个人看重灵魂生活，理想主义对他便永远不会过时。

当然，对于没有灵魂的东西，理想毫无用处。

圣徒是激进的理想主义者，智者是温和的理想主义者。

在没有上帝的世界上，一个寻求信仰而不可得的理想主义者会转而寻求智慧的救助，于是成为智者。

实用主义和理想主义都看重价值，但前者看重的是实用价值，后者看重的是精神价值，前者只问对生存有没有用，后者却要追问生存的意义。

理想也是一种解释，它立足于价值立场来解释人生或者社会。作为价值尺度，理想一点儿也不虚无缥缈，一个人有没有理想，有怎样的理想，非常具体地体现在他的生活方式和处世态度中。

我们永远只能生活在现在，要伟大就现在伟大，要超脱就现在超脱，要快乐就现在快乐。总之，如果你心目中有了一种生活的理想，那么，你应该现在就来实现它。倘若你只是想象将来有一天能够伟大、超脱或快乐，而现在却总是委琐、钻营、苦恼，则我敢断定你永远不会有伟大、超脱、快乐的一天。作为一种生活态度，理想是现在进行时的，而不是将来时的。

无论个人还是社会都要有理想，并且为实现理想而努力。没有理想，个人便是堕落的个人，社会便是腐败的社会。

对于一切有灵魂生活的人来说，精神的独立价值和神圣价值是不言而喻的，是无法证明也不需证明的公理。

理想，信仰，真理，爱，善，这些精神价值永远不会以一种看得见的形态存在，它们实现的场所只能是人的内心世界。正是在这无形之域，有的人生活在光明之中，有的人生活在黑暗之中。

人同时生活在外部世界和内心世界中。内心世界也是一个真实的世界。或者，反过来说也一样：外部世界也是一个虚幻的世界。

对于内心世界不同的人，表面相同的经历具有完全不同的意义，事实上也就完全不是相同的经历了。

世俗的祸福，在善者都可转化为一种精神价值，在恶者都会成为一种惩罚。善者播下的是精神的种子，收获的也是精神的果实，这就已是善报了。恶者枉活一世，未尝体会过任何一种美好的精神价值，这也已是恶报了。

《约翰福音书》有言："上帝遣光明来到世间不是要让它审判世界，而是要让世界通过它得救。信赖它的人不会受审判，不信赖的人便已受了审判……而这即是审判：光明来到人世，而人们宁爱黑暗不爱光明。"这话说得非常好。的确，光明并不直接惩罚不接受它的人。拒绝光明，停留在黑暗中，这本身即是惩罚。

一切最高的奖励和惩罚都不是外加的，而是行为本身给行为者造成的精神后果。高尚是对高尚者的最高奖励，卑劣是对卑劣者的最大惩罚。

当人性的光华在你的身上闪耀，使你感受到做人的自豪之时，这光华和自豪便已是给你的报酬，你确实会觉得一切外在的遭际并非很重要的了。

梦是虚幻的，但虚幻的梦所发生的作用却是完全真实的。弗洛伊德业已证明了这一点。美、艺术、爱情、自由、理想、真理，都是人生的大梦。如果没有这一切梦，人生会是一个什么样子啊！

两种人爱做梦：太有能者和太无能者。他们都与现实不合，前者超出，后者不及。但两者的界限是不易分清的，在成功之前，前者常常被误认为后者。

可以确定的是，不做梦的人必定平庸。

在每一个创造者眼中，生活本身也是这样一张空白的画布，等待着他去赋予内容。相反，谁眼中的世界如果是一座琳琅满目的陈列馆，摆满了现成的画作，这个人肯定不会再有创造的冲动，他至多只能做一个鉴赏家。

两种人爱做梦：弱者和智者。弱者梦想现实中有但他无力得到的东西，他以之抚慰生存的失败；智者梦想现实中没有也不可能有的东西，他以之解说生存的意义。

追 求

一个人的灵魂不安于有生有灭的肉身生活的限制，寻求超越的途径，不管他的寻求有无结果，寻求本身已经使他和肉身生活保持了一个距离。这个距离便是他的自由，他的收获。

每个追求者都渴望成功，然而，还有比成功更宝贵的东西，这就是追求本身。我宁愿做一个未必成功的追求者，而不愿是一个不再追求的成功者。

如果说成功是青春的一个梦，那么，追求即是青春本身，是一个人心灵年轻的最好证明。谁追求不止，谁就青春长在。一个人的青春是在他不再追求的那一天结束的。

在精神领域的追求中，不必说世俗的成功，社会和历史所承认的成功，即便是精神追求本身的成功，也不是主要的目标。在这里，目标即寓于过程之中，对精神价值的追求本身成了生存方式，这种追求愈执著，就愈是超越于所谓成败。

一个默默无闻的贤哲也许更是贤哲，一个身败名裂的圣徒也许更是圣徒。如果一定要论成败，一个伟大的失败者岂不比一个渺小的成功者更有权被视为成功者？

能被失败阻止的追求是一种软弱的追求，它暴露了力量的有限；能被成功阻止的追求是一种浅薄的追求，它证明了目标的有限。

在艰难中创业，在万马齐喑时呐喊，在时代舞台上叱咤风云，这是一种追求。
在淡泊中坚持，在天下沸沸扬扬时沉默，在名利场外自甘于寂寞和清贫，这也是一种追求。
追求未必总是显示进取的姿态。

一切简单而伟大的精神都是相通的，在那道路的尽头，它们殊途而同归。说到底，人们只是用不同的名称称呼同一个光源罢了，受此光源照耀的人都走在同一条道路上。

人类的精神生活体现为精神追求的漫长历史，对于每一个个体来说，这个历史一开始是外在的，他必须去重新占有它。就最深层的精神生活而言，时代的区别并不重要。无论在什么时代，每一个个体都必须并且能够独自面对他自己的上帝，靠自己获得他的精神个性，而这同时也就是他对人类精神历史的占有和参与。

世上有多少个朝圣者，就有多少条朝圣路。每一条朝圣的路都是每一个朝圣者自己走出来的，不必相同，也不可能相同。然而，只要你自己也是一个朝圣者，你就不会觉得这是一个缺陷，反而是一个鼓舞。你会发现，每个人正是靠自己的孤独的追求加入人类的精神传统的，而只要你的确走在自己的朝圣路上，你其实并不孤独。

人类精神始终在追求某种永恒的价值，这种追求已经形成为一种持久的精神事业和传统。当我也以自己的追求加入这一事业和传统时，我渐渐明白，这一事业和传统超越于一切优秀个人的生死而世代延续，它本身就具有一种永恒的价值，甚至是人世间唯一可能和真实的永恒。

我们每一个人都是在肩负着人类的形象向上行进，

而人类所达到的高度是由那个攀登得最高的人来代表的。正是通过那些伟人的存在，我们才真切地体会到了人类的伟大。

当然，能够达到很高的高度的伟人终归是少数，但是，只要我们是在努力攀登，我们就是在为人类的伟大做出贡献，并且实实在在地分有了人类的伟大。

如果精神追求真正是出于内心的需要，那么，我们理应甘愿承担为此不得不付出的代价，包括物质利益方面可能遭受的损失。事情取决于你看重什么，仅仅是实际利益，还是人生的总体质量。

现在书店里充斥着所谓励志类书籍。励志没有什么不好，问题是励什么样的志。完全没有精神目标，一味追逐世俗的功利，这算什么"志"，恰恰是胸无大志。

在人类的精神土地的上空，不乏好的种子。那撒种的人，也许是神，大自然的精灵，古老大地上的民族之魂，也许是创造了伟大精神作品的先哲和天才。这些种子有数不清的敌人，包括外界的邪恶和苦难，以及我们心中的杂念和贪欲。然而，最关键的还是我们内在的悟性。唯有对于适宜的土壤来说，一颗种子才能作为种子而存在。再好的种子，落在顽石上也只能成为鸟的食粮，落在浅土上也只能长成一株枯苗。对于心灵麻木的人来说，一切神圣的启示和伟大的创造都等于不存在。

不论时代怎样，一个人都可以获得精神生长的必要资源，因为只要你的心灵土壤足够肥沃，那些神圣和伟大的种子对于你就始终是存在着的。所以，如果你自己随波逐流，你就不要怨怪这是一个没有信仰的时代了吧。如果你自己见利忘义，你就不要怨怪这是一个道德沦丧的时代了吧。如果你自己志大才疏，你就不要怨怪这是一个精神平庸的时代了吧。如果你的心灵一片荒芜，寸草不长，你就不要怨怪害鸟啄走了你的种子，毒日烤焦了你的幼苗了吧。

心灵土壤的肥瘠不会是天生的。不管上天赐给你多少土地，它们之成为良田沃土还是荒田瘠土，这多半取决于你自己。所以，我们每一个人都应当留心开垦自己的心灵土壤，让落在其上的好种子得以生根开花，在自己的内心培育出一片美丽的果园。谁知道呢，说不定我们自己结出的果实又会成为新的种子，落在别的适宜的土壤上，而我们自己在无意中也成了新的撒种人哩。

人类精神生活的土壤是统一的，并无学科之分，只要扎根在这土壤中，生长出的植物都会是茁壮的，不论这植物被怎样归类。

一个人，一个民族，精神上发生危机，恰好表明这个人、这个民族有执拗的精神追求，有自我反省的勇气。可怕的不是危机，而是麻木。

人们常常把精神危机当做一个贬义词，一说哪里发生精神危机，似乎那里的社会和人已经腐败透顶。诚然，与健康相比，危机是病态。但是，与麻木相比，危机却显示了生机。一个人、一个民族精神上发生危机，至少表明这个人、这个民族有较高的精神追求，追求受挫，于是才有危机。如果时代生病了，一个人也许就只能在危机与麻木二者中作选择，只有那些优秀的灵魂才会对时代的疾病感到切肤之痛。

一个精神贫乏、缺乏独特个性的人，当然不会遭受精神上危机的折磨。可是，对于一个精神需求很高的人来说，危机，即供求关系的某种脱节，却是不可避免的。他太挑剔了，世上不乏友谊、爱和事业，但不是他要的那一种，他的精神仍然感到饥饿。这样的人，必须自己来为自己创造精神的食物。

许多人的所谓成熟，不过是被习俗磨去了棱角，变得世故而实际了。那不是成熟，而是精神的早衰和个性的夭亡。真正的成熟，应当是独特个性的形成，真实自我的发现，精神上的结果和丰收。

那个在无尽的道路上追求着的人迷惘了。那个在无路的荒原上寻觅着的人失落了。怪谁呢？谁叫他追求，谁叫他寻觅！

无所追求和寻觅的人们，决不会有迷惘感和失落感，他们活得明智而充实。

我不想知道你有什么，只想知道你在寻找什么，你就是你所寻找的东西。

有的人总是在寻找，凡到手的，都不是他要的。有的人从来不寻找，凡到手的，都是他要的。

各有各的活法。究竟哪种好，只有天知道。

坚 守

对于我们的行为，我们不能只用交换价值来衡量，而应有更加开阔久远的参照系。在投入现代潮流的同时，我们要有所坚守，坚守那些永恒的人生价值。

一个不能投入的人是一个落伍者，一个无所坚守的人是一个随波逐流者。前者令人同情，后者令人鄙视。也许有人两者兼顾，成为一个高瞻远瞩的弄潮儿，那当然就是令人钦佩的了。

"人是要有一点精神的。"——在一切"最高指示"中，至少这一句的确不会过时。

在那个"突出政治"的年代，我对它有自己的读法，我把它读作：人不该只有政治狂热，把自己的灵魂淹没在红彤彤的标语口号海洋里。

在如今崇拜金钱的氛围中，我又想起了这句话，并且给它加上新的注解：人不该只求物质奢华，把自己的灵魂淹没在花花绿绿的商品海洋里。

物质上的贫富悬殊已经有目共睹,精神上何尝不也发生着两极分化?好在一个人只要耐得贫困,自甘寂寞,总还可以为灵魂守一块家园,不致在这纷纷扰扰的世界上流离失所。认清贫困和寂寞乃是心灵高贵者在这个时代的命运,困惑中倒也生出了一些坦然。

如果一个人知道自己的志业所在并且一如既往地从事着这一志业,如果他在此过程中感觉到了自己的生命意义与历史责任的某种统一,那么,应该说他在精神上是充实自足的。信念犹在,志业犹在,安身立命之本犹在,何尝失落?他的探索和创造原本是出于他的性情之必然,而不是为了获取虚名浮利,种瓜得瓜,何失落之有?

心智生活能使人获得一种内在的自由和充实。一个人唯有用自己的头脑去思考,用自己的灵魂去追求,在对世界的看法和对人生的态度上自己做主,才是真正做了自己的主人。同时,如果他有丰富的内心世界,便在自己身上有了人生快乐的最大源泉。心智生活还能使人获得一种内在的自信和宁静,仿佛有了另一个更高的自我,能与自己的外在遭遇保持一个距离,不完全受其支配，并能与外部世界建立恰当的关系，不会沉沦其中，也不会去凑热闹。这就是所谓定力。

真正精神性的东西是完全独立于时代的，它的根子要深邃得多，植根于人类与大地的某种永恒关系之中。唯有从这个根源中才能生长出天才和精神杰作，他（它）们不属于时代，而时代将跟随他（它）们。

一个人是否天才，能否创造出精神杰作，这是无把握的，其实也是不重要的。重要的是不失去与这个永恒源泉的联系，如果这样，他就一定会怀有与罗曼·罗兰同样的信念："这里无所谓精神的死亡或新生，因为它的光明从未消失，它只是熄隐了又在别处重新闪耀而已。"于是他就不会在任何世道下悲观失望了，因为他知道，人类精神生活作为一个整体从未也决不会中断，而他的看来似乎孤独的精神旅程便属于这个整体，没有任何力量能使之泯灭。

一个人一旦省悟人生的底蕴和限度，他在这个浮华世界上就很难成为一个踌躇满志的风云人物了。不过，如果他对天下事仍有一份责任心，他在世上还是可以找到他的合适的位置的,"守望者"便是为他定位的一个确切名称。以我之见,"守望者"的职责是,与时代潮流保持适当的距离,守护人生的那些永恒的价值,了望和关心人类精神生活的基本走向。

人是一个被废黜的国王,被废黜的是人的灵魂。由于被废黜,精神有了一个多灾多难的命运。然而,不论怎样被废黜,精神终归有着高贵的王室血统。在任何时代,总会有一些人默记和继承着精神的这个高贵血统,并且为有朝一日恢复它的王位而努力着。我愿把他们恰如其分地称作"精神贵族"。

休说精神永存,我知道万有皆逝,精神也不能幸免。然而,即使岁月的洪水终将荡尽地球上一切生命的痕迹,罗丹的雕塑仍非徒劳;即使徒劳,罗丹仍要雕塑。那么,一种不怕徒劳仍要闪光的精神岂不超越了时间的判决,因而也超越了死亡?

所以,我仍然要说:万有皆逝,唯有精神永存。

世纪已临近黄昏,路上的流浪儿多了。我听见他们在焦灼地发问:物质的世纪,何处是精神的家园?

我笑答：既然世上还有如许关注着精神命运的心灵，精神何尝无家可归？

世上本无家，渴望与渴望相遇，便有了家。

真正的自由始终是以选择和限制为前提的，爱上这朵花，也就是拒绝别的花。一个人即使爱一切存在，仍必须为他的爱找到确定的目标，然后他的博爱之心才可能得到满足。

信 仰

在这个世界上,有的人信神,有的人不信,由此而区分为有神论者和无神论者,宗教徒和俗人。不过,这个区分并非很重要。还有一个比这重要得多的区分,便是有的人相信神圣,有的人不相信,人由此而分出了高尚和卑鄙。

相信神圣的人有所敬畏。在他心目中,总有一些东西属于做人的根本,是亵渎不得的。他并不是害怕受到惩罚,而是不肯丧失基本的人格。不论他对人生怎样充满着欲求,他始终明白,一旦人格扫地,他在自己面前竟也失去了做人的自信和尊严,那么,一切欲求的满足都不能挽救他的人生的彻底失败。

所谓信仰生活,未必要皈依某一种宗教,或信奉某一位神灵。一个人不甘心被世俗生活的浪潮推着走,而总是想为自己的生命确定一个具有恒久价值的目标,他便是一个有信仰生活的人。因为当他这样做时,他实际上对世界整体有所关切,相信它具有一种超越的精神本质，并且努力与这种本质建立联系。

有一类解释是针对整个世界及其本质、起源、目的等等的，这类解释永远不能被经验所证明或否定，我们把这类解释称作信仰。

凡是把宗教、道德、艺术、科学真正当做精神事业和人生使命的人，必定对于精神生活的独立价值怀有坚定的信念。在精神生活的层次上，不存在学科的划分，真、善、美原是一体，一切努力都体现了同一种永恒的追求。

在衡量一种精神努力的价值时，主要的标准不是眼前的效果，而是与整个实在的关系。我们当然永远不可能证明所谓大全的精神性质，但我们必须相信它，必须相信世上仍有神圣存在，这种信念将使我们的人生具有意义。而且我相信，倘若怀有这个信念的人多了，人性必能进步，世风必能改善。

真正的精神生活必具有超验性质，它总是指向一个超验领域的。凡灵魂之思，必有这样一种指向为其底蕴。所谓寻求生命的意义，亦即寻求建立这种联系。一个人如果相信自己已经建立了这种联系，便是拥有了一种信仰。

信仰，就是相信人生中有一种东西，它比一己的生命重要得多，甚至是人生中最重要的东西，值得为之活着，必要时也值得为之献身。这种东西必定是高于我们的日常生活的，像日月星辰一样在我们头顶照耀，我们相信它并且仰望它，所以称作信仰。但是，它又不像日月星辰那样可以用眼睛看见，而只是我们心中的一种观念，所以又称作信念。

凡真正的信仰，那核心的东西必是一种内在的觉醒，是灵魂对肉身生活的超越以及对普遍精神价值的追寻和领悟。我们可以发现，一切伟大的信仰者，不论宗教上的归属如何，他们的灵魂是相通的，往往具有某些最基本的共同信念，因此而能成为全人类的精神导师。

信仰是内心的光，它照亮了一个人的人生之路。没有信仰的人犹如在黑暗中行路，不辨方向，没有目标，随波逐流，活一辈子也只是浑浑噩噩。

在信仰的问题上，真正重要的是要有真诚的态度。所谓真诚，第一就是要认真，既不是无所谓，可有可无，也不是随大流，盲目相信；第二就是要诚实，决不自欺欺人。有了这种真诚的态度，即使你没有找到一种明确的思想形态作为你的信仰，你也可以算做一个有信仰的人了，因为你至少是在信仰着一种有真诚追求的人生境界。

判断一个人有没有信仰，标准不是看他是否信奉某一宗教或某一主义，唯一的标准是在精神追求上是否有真诚的态度。一个有这样的真诚态度的人，不论他是虔诚的基督徒、佛教徒，还是苏格拉底式的无神论者，或尼采式的虚无主义者，都可视为真正有信仰的人。他们的共同之处是，都相信人生中有超出世俗利益的精神目标，它比生命更重要，是人生中最重要的东西，值得为之活着和献身。

有明确的宗教信仰并不证明有勇气，相反，有精神追求的勇气却证明了有信仰。因此我们可以说，当一个人被信仰问题困扰——这当然只能发生在有精神追求的勇气的人身上——的时候，他已经是一个有信仰的人了。

即使一位孤军奋战的悲剧英雄，他也需要在想象中相信自己是在为某种整体而战。凡精神性的追求，必隐含着一种超越的信念，也就是说，必假定了某种绝对价值的存在。而所谓绝对价值，既然是超越于一切浮世表象的，其根据就只能是不随现象界生灭的某种永存的精神实在。

人的精神性自我有两种姿态。当它登高俯视尘世时，它看到限制的必然，产生达观的认识和超脱的心情，这是智慧。当它站在尘世仰望天空时，它因永恒的缺陷而向往完满，因肉身的限制而寻求超越，这便是信仰了。

看到并且接受人所必有的限制，这是智慧的起点，但智慧并不止于此。如果只是忍受，没有拯救，或者只是超脱，没有超越，智慧就会沦为冷漠的犬儒主义。可是，一旦寻求拯救和超越，智慧又不会仅止于智慧，它必不可免地要走向信仰了。

当一个人认识到人的限制、缺陷、不完美是绝对的，困境是永恒的，他已经是在用某种绝对的完美之境做参照系了。唯有在把人与神作比较时，才能看到人的限制之普遍，因而不论这种限制在自己或别人身上以何种形态出现，都不馁不骄，心平气和。对人的限制的这样一种宽容，换一个角度来看，便是面对神的谦卑。所以，真正的智慧中必蕴涵着信仰的倾向。

真正的信仰必是从智慧中孕育出来的。如果不是太看清了人的限制，佛陀就不会寻求解脱，基督就无须传播福音。任何一种信仰倘若不是以人的根本困境为出发点，它作为信仰的资格也是值得怀疑的。

一切外在的信仰只是桥梁和诱饵，其价值就在于把人引向内心，过一种内在的精神生活。神并非居住在宇宙间的某个地方，对于我们来说，它的唯一可能的存在方式是我们在内心中感悟到它。一个人的信仰之真假，分界也在于有没有这种内在的精神生活。伟大的信徒是那些有着伟大的内心世界的人，相反，一个全心全意相信天国或者来世的人，如果他没有内心生活，你就不能说他有真实的信仰。

有真信仰的人满足于说出真话，喜欢发誓的人往往并无真信仰。

发誓者竭力揣摩对方的心思，他发誓要做的不是自己真正想做的事情，而是他以为对方希望自己做的事情。如果他揣摩的是地上的人的心思，那是卑怯。如果他揣摩的是天上的神的心思，那就是亵渎了。

真理有两类：一类关乎事实，属于科学领域，对它们是要试探的，看是否合乎事实；另一类关乎价值，归根到底属于宗教和道德领域，不可试探的是这个领域里的真理。人类的一些最基本的价值，例如正义、自由、和平、爱、诚信，是不能用经验来证明和证伪的。它们本身就是目的，就像高尚和谐的生活本身就值得人类追求一样，因此我们不可用它们会带来什么实际的好处评价它们，当然更不可用违背它们会造成什么具体的恶果检验它们了。

信仰要求的是纯粹，只为所信仰的真理本身而不为别的什么。凡试探者，必定别有所图。仔细想想，试探何其普遍，真信仰何其稀少。

信仰的实质在于对精神价值本身的尊重。精神价值本身就是值得尊重的，无须为它找出别的理由来，这个道理对于一个有信仰的人来说是不言自明的。这甚至不是一个道理，而是他内心深处的一种感情，他真正感觉到的人之为人的尊严之所在，人类生存的崇高性质之所在。

信仰愈是纯粹，愈是尊重精神价值本身，必然就愈能摆脱一切民族的、教别的、宗派的狭隘眼光，呈现出博大的气象。在此意义上，信仰与文明是一致的。信仰问题上的任何狭隘性，其根源都在于利益的侵入，取代和扰乱了真正的精神追求。我相信，人类的信仰生活永远不可能统一于某一种宗教，而只能统一于对某些最基本价值的广泛尊重。

人是由两个途径走向上帝或某种宇宙精神的，一是要给自己的灵魂生活寻找一个根源，另一是要给宇宙的永恒存在寻找一种意义。这两个途径也就是康德所说的心中的道德律和头上的星空。

看到人在理性上并非全知，在道德上并非完人，这一点非常重要。如果说认识到人的无知是智慧的起点，那么，觉悟到人的不完美便是信仰的起点。

无知并不可笑，可笑的是有了一点知识便自以为无所不知。缺点并不可恶，可恶的是做了一点善事便自以为有权审判天下人。在一切品性中，狂妄离智慧、也离虔诚最远。

你没有信仰吗？
如果有信仰就是终身只接受一种学说，那么，我的确没有信仰。
对各种学说独立思考，有所取舍，形成着也修正着自己的总体立场，我称这为有信仰。
所以，我是有信仰的。

虔诚是对待信仰的一种认真的态度，而不是信仰本身。一个本无真正信仰的人却做出虔诚的姿态，必是伪善的。
在任何信仰体制之下，多数人并非真有信仰，只是做出相信的样子罢了。于是过分认真的人就起而论究是非，阐释信仰之真谛，结果被视为异端。

在任何一个发生精神危机的时代和民族，真正感受和保持着危机张力的也只是少数人。而且，这往往是同一类灵魂，正因为在信仰问题上认真严肃，才真切感觉到失去信仰的悲哀。

有信仰者永远是少数。利益常常借信仰之名交战。

信仰是情感的事，理性不利于信仰。在一个宗教内部，虔信者大多是一些情感强烈理性薄弱的人。理性强烈情感薄弱的人无意做信徒。介于两者之间的是情感和理性皆强的怀疑者，他们渴望信仰而不易得，精神上最痛苦，以及情感和理性皆弱的盲从者，他们实际上并无信仰，只是随大流罢了。

弟子往往比宗师更偏执。宗师的偏执多半出于一种创造的激情，因而本质上包含着对新的创造的宽容和鼓励。弟子的偏执却是出于盲信或利益，本质上是敌视创造性的。

一种信仰无非就是人生根本意义问题的一个现成答案。有两种人不需要信仰，一种是对此问题从不发问的人，另一种是决心自己去寻找答案的人。前者够不上信仰，后者超越了信仰。

不相信一切形式的上帝，并不妨碍一个人对人生持有某种基本的信念。

当信徒是少年人的事，收信徒是老年人的事。前者还幼稚，后者已腐朽。
要我当信徒，我已太不幼稚。要我收信徒，我还不够腐朽。

世上有虔信者，就必定有奇迹。奇迹在虔信者的心里。
奇迹是绝望者的希望。
一个不相信奇迹的绝望者是一个真正的绝望者，他已经失去了一切希望；或者，是一个勇敢的绝望者，他敢于不要任何希望而活着。

道　德

　　道德有两种不同的含义：一是精神性的，旨在追求个人完善，此种追求若赋予神圣的名义，便进入宗教的领域；一是实用性的，旨在维护社会秩序，此种维护若辅以暴力的手段，便进入法律的领域。

　　实际上这是两种完全不同的东西，混淆必生恶果。试图靠建立某种社会秩序来强制实现个人完善，必导致专制主义。把社会秩序的取舍完全交付个人良心来决定，必导致无政府主义。

　　我相信苏格拉底的一句话："美德即智慧。"一个人如果经常想一些世界和人生的大问题，对于俗世的利益就一定会比较超脱，不太可能去做那些伤天害理的事情。说到底，道德败坏是一种蒙昧。当然，这与文化水平不是一回事，有些识字多的人也很蒙昧。

　　假、恶、丑从何而来？人为何会虚伪、凶恶、丑陋？我只找到一个答案：因为贪欲。人为何会有贪欲？佛教对此有一个很正确的解答：因为"无明"。通俗地说，就是没有智慧，对人生缺乏透彻的认识。所以，真正决定道德素养的是人生智慧，而非意识形态。把道德沦丧的原因归结为意识形态的失控，试图通过强化意识形态来整饬世风人心，这种做法至少是肤浅的。

意识形态和人生智慧是两回事，前者属于头脑，后者属于心灵。人与人之间能否默契，并不取决于意识形态的认同，而是取决于人生智慧的相通。

一个人的道德素质也是更多地取决于人生智慧而非意识形态。所以，在不同的意识形态集团中，都有君子和小人。

社会愈文明，意识形态愈淡化，人生智慧的作用就愈突出，人与人之间的关系也就愈真实自然。

在评价人时，才能与人品是最常用的两个标准。两者当然是可以分开的，但是在最深的层次上，它们是否相通？譬如说，可不可以说，大才也是德，大德也是才，天才和圣徒是同一种神性的显现？又譬如说，无才之德是否必定伪善，因而亦即无德，无德之才是否必定浅薄，因而亦即非才？当然，这种说法已经蕴涵了对才与德的重新解释，我倾向于把两者看做慧的不同表现形式。

人品和才分不可截然分开。人品不仅有好坏优劣之分，而且有高低宽窄之分，后者与才分有关。才分大致规定了一个人为善为恶的风格和容量。有德无才者，其善多为小善，谓之平庸。无德无才者，其恶多为小恶，谓之猥琐。有才有德者，其善多为大善，谓之高尚。有才无德者，其恶多为大恶，谓之邪恶。

人品不但有好坏之别，也有宽窄深浅之别。好坏是质，宽窄深浅未必只是量。古人称卑劣者为"小人"、"斗筲之徒"是很有道理的，多少恶行都是出于浅薄的天性和狭小的器量。

知识是工具，无所谓善恶。知识可以为善，也可以为恶。美德与知识的关系不大。美德的真正源泉是智慧，即一种开阔的人生觉悟。德行如果不是从智慧流出，而是单凭修养造就，便至少是盲目的，很可能是功利的和伪善的。

按照中国的传统，历来树立榜样基本上是从道德着眼。我更强调人性意义上所达到的高度，亦即整体的精神素质，因为在我看来，一个人的道德品质只是他的整体精神素质的表现，并且唯有作为此种表现才有价值。即如当今社会的道德失范，其实也是某种整体精神素质的缺陷在特殊条件下的暴露，因此不是靠树立几个道德标兵就能解决的。

常常有人举着爱国的尺子评判人，但这把尺子自身也需要受到评判。首先，爱国只是尺子之一，而且是一把较小的尺子。还有比它大的尺子，例如真理、文明、人道；其次，大的尺子管小的尺子，大道理管小道理，唯有从人类真理和世界文明的全局出发，知道本民族的长远和根本利益之所在，方可论爱国。因此，伟大的爱国者往往是本民族历史和现状的深刻批评者。那些手中只有爱国这一把尺子的人，所爱的基本上是某种狭隘的既得利益，这把尺子是专用来打一切可能威胁其私利的人的。

在任何专制体制下，都必然盛行严酷的道德法庭，其职责便是以道德的名义把人性当做罪恶来审判。事实上，用这样的尺度衡量，每个人都是有罪的，至少都是潜在的罪人。可是，也许正因为如此，道德审判反而更能够激起疯狂的热情。据我揣摩，人们的心理可能是这样的：一方面，自己想做而不敢做的事，竟然有人做了，于是嫉妒之情便化装成正义的愤怒猛烈喷发了，当然啦，决不能让那个得了便宜的人有好下场；另一方面，倘若自己也做了类似的事，那么，坚决向法庭认同，与罪人划清界线，就成了一种自我保护的本能反应，仿佛谴责的调门越高，自己就越是安全。因此，凡道德法庭盛行之处，人与人之间必定充满残酷的斗争，人性必定扭曲，爱必定遭到扼杀。

耶稣说："安息日是为人而设的，人不是为安息日而生的。"我们可以把耶稣的名言变换成普遍性的命题：规则是为人而设的，人不是为规则而生的。人世间的一切规则，都应该是以人为本的，都可以依据人的合理需要加以变通。有没有不许更改的规则呢？当然有的，例如自由、公正、法治、人权，因为它们体现了一切个人的根本利益和人类的基本价值理想。说到底，正是为了遵循这些最一般的规则，才有了不断修正与之不合的具体规则的必要，而这就是人类走向幸福的必由之路。

我们活在世上，不免要承担各种责任，小至对家庭、亲戚、朋友，对自己的职务，大至对国家和社会。这些责任多半是应该承担的。不过，我们不要忘记，除此之外，我们还有一项根本的责任，便是对自己的人生负责。

在某种意义上，人世间各种其他的责任都是可以分担或转让的，唯有对自己的人生的责任，每个人都只能完全由自己来承担，一丝一毫依靠不了别人。

对自己的人生的责任心是其余一切责任心的根源。一个人唯有对自己的人生负责，建立了真正属于自己的人生目标和生活信念，他才可能由之出发，自觉地选择和承担起对他人和社会的责任。

正如歌德所说："责任就是对自己要求去做的事情有一种爱。"因为这种爱，所以尽责本身就成了生命意义的一种实现，就能从中获得心灵的满足。相反，我不能想象，一个不爱人生的人怎么会爱他人和爱事业，一个在人生中随波逐流的人怎么会坚定地负起生活中的责任。实际情况往往是，这样的人把尽责不是看做从外面加给他的负担而勉强承受，便是看做纯粹的付出而索求回报。

我相信，如果一个人能对自己的人生负责，那么，在包括婚姻和家庭在内的一切社会关系上，他对自己的行为都会有一种负责的态度。如果一个社会是由这样对自己的人生负责的成员组成的，这个社会就必定是高质量的有效率的社会。

一个不知对自己的人生负有什么责任的人，他甚至无法弄清他在世界上的责任是什么。许多人对责任的关系是完全被动的，他们之所以把一些做法视为自己的责任，不是出于自觉的选择，而是由于习惯、时尚、舆论等原因。

群体性的懒惰是阻碍个性发展的最大阻力。在社会中，每个人个性的自由发展意味着竞争，于是，为了自己能偷懒，就嫉恨他人的优秀，宁愿人人都保持在平庸的水平上。

怯懦是懒惰的副产品。首先有多数人的懒惰而不求个人的独特，这多数的力量形成了一条防止个人求优异的警戒线，然后才有了人言可畏的怯懦心灵。

个人越是雷同，社会就越是缺少凝聚力。无个性的个体不能结合为整体。个人越是独特，个性的差异越是鲜明，由这样的个体组成的社会有机体就越是生气勃勃。

当我在一个恶人身上发现一个美德，我就原谅了他的一千件恶行。

当我在一个善人身上发现一个伪善，我决不肯因为他的一千件善行而原谅他的这一个伪善。

我最憎恶的品质，第一是虚伪，第二是庸俗。虚伪是一种冒充高尚的庸俗，因而是自觉的庸俗，我简直要说它是有纲领、成体系的庸俗。单纯的庸俗是消极的，虚伪却是积极的，它富有侵略性。庸俗是小卒，唯有推举虚伪为元帅，才能组成一支剿杀优秀灵魂的正规军队。诚然，也不该低估小卒们的游击战的杀伤力。

猥琐假冒神圣乃是最无耻的亵渎神圣。夜里我不断梦见一个句子——

"子曰他妈的！"

一个行为有两个动机：一个光明，浮在表面；一个晦暗，沉在底里。当它们各居其位时，灵魂风平浪静。有谁想把它们翻一个个儿，灵魂就会涌起惊涛骇浪。

当庸俗冒充崇高招摇过市时，崇高便羞于出门，它躲了起来。

当我享受时，我最受不了身边坐着一个苦行僧，因为他使我觉得我的享受有罪，使享受变成了受苦。

无论何处，只要有一个完美无缺的正人君子出现，那里的人们就要遭罪了，因为他必定要用他的完美来折磨和审判你了。这班善人，也许你真的说不出他有什么明显的缺点，尽管除了他的道德以外，你也说不出他有什么像样的优点。

相反，一个真实的人，一种独特的个性，必有突出的优点和缺点，袒露在人们面前，并不加道德的伪饰，而这也正是他的道德。

恶德也需要实践。初次做坏事会感到内心不安，做多了，便习惯成自然了，而且不觉其坏。

人是会由蠢而坏的。傻瓜被惹怒，跳得比聪明人更高。有智力缺陷者常常是一种犯罪人格。

有钱的穷人不是富人。有权的庸人不是伟人。有学识的笨人不是聪明人。有声誉的坏人不是好人。

阴暗的角落里没有罪恶，只有疾病。罪恶也有它的骄傲。

专制国家把病人当罪人，民主国家把罪人当病人。后者的高明之处是不以法官自居，但它毕竟是以医生自居，并且常常忘掉一个常识：医生也会生病的。

同样的缺陷，发生在一些人身上，我们把它看做疾病，发生在另一些人身上，我们把它看做罪恶。我们有时用医生的眼光看人，有时用道德家的眼光看人。

医生把罪犯看做病人，道德家把病人看做罪犯。医生治国，罪犯猖獗。道德家治国，病人遭殃。

在医生眼里，人人都有病。在道德家眼里，人人都有罪。医生怜悯人类，道德家仇恨人类。怜悯人类的人自己有病，仇恨人类的人自己有罪。

仗义和信任貌似相近，实则属于完全不同的道德谱系。信任是独立的个人之间的关系，一方面各人有自己的人格、价值观、生活方式、利益追求等，在这些方面彼此尊重，绝不要求一致，另一方面合作做事时都遵守规则。仗义却相反，一方面抹杀个性和个人利益，样样求同，不能容忍差异，另一方面共事时不讲规则。

尊 严

人要有做人的尊严，要有做人的基本原则，在任何情况下都不可违背，如果违背，就意味着不把自己当人了。

人活世上，第一重要的还是做人，懂得自爱自尊，使自己有一颗坦荡又充实的灵魂，足以承受得住命运的打击，也配得上命运的赐予。倘能这样，也就算得上做命运的主人了。

在看得见的行为之外，还有一种看不见的东西，依我之见，那是比做事和交人更重要的，是人生第一重要的东西，这就是做人。当然，实际上做人并不是做事和交人之外的一个独立的行为，而是蕴涵在两者之中的，是透过做事和交人体现出来的一种总体的生活态度。

就做人与做事的关系来说，做人主要并不表现于做的什么事和做了多少事，例如是做学问还是做生意，学问或者生意做得多大，而是表现在做事的方式和态度上。一个人无论做学问还是做生意，无论做得大还是做得小，他做人都可能做得很好，也都可能做得很坏，关键就看他是怎么做事的。

从一个人如何与人交往，尤能见出他的做人。这倒不在于人缘好不好，朋友多不多，各种人际关系是否和睦。人缘好可能是因为性格随和，也可能是因为做人圆滑，本身不能说明问题。在与人交往上，孔子最强调一个"信"字，我认为是对的。待人是否诚实无欺，最能反映一个人的人品是否光明磊落。一个人哪怕朋友遍天下，只要他对其中一个朋友有背信弃义的行径，我们就有充分的理由怀疑他是否真爱朋友，因为一旦他认为必要，他同样会背叛其他的朋友。"与朋友交而不信"，只能得逞一时之私欲，却是做人的大失败。

做事和交人是否顺利，包括地位、财产、名声方面的遭际，也包括爱情、婚姻、家庭方面的遭际，往往受制于外在的因素，非自己所能支配，所以不应该成为人生的主要目标。一个人当然不应该把非自己所能支配的东西当做人生的主要目标。一个人真正能支配的唯有对这一切外在遭际的态度，简言之，就是如何做人。人生在世最重要的事情不是幸福或不幸，而是不论幸福还是不幸都保持做人的正直和尊严。我确实认为，做人比事业和爱情都更重要。不管你在名利场和情场上多么春风得意，如果你做人失败了，你的人生就在总体上失败了。最重要的不是在世人心目中占据什么位置，和谁一起过日子，而是你自己究竟是一个什么样的人。

一个自己有人格的尊严的人，必定懂得尊重一切有尊严的人格。

同样，如果你侮辱了一个人，就等于侮辱了一切人，也侮辱了你自己。

诚信被视为最重要的商业道德，而诚信的缺乏是转入市场经济以来最令国人头痛的问题之一。若要追寻问题的根源，从文化上看，便是人的尊严的观念之缺失。

诚信是以打交道的双方共有的人的尊严之意识为基础的，只要一方没有尊严，就难以建立起诚信的关系。

做人要讲道德，做事要讲效率，讲道德是为了对得起自己的良心，讲效率是为了对得起自己的生命。

西方人文传统中有一个重要观念，便是人的尊严，其经典表达就是康德所说的"人是目的"。按照这个观念，每个人都是一个有尊严的精神性存在，不可被当做手段使用。对于今天许多国人来说，这个观念何其陌生，只把自己用做了谋利的手段，互相之间也只把对方用做了谋利的手段，未尝想到自己和别人都是有尊严的精神性存在。

世上有一种人，毫无尊严感，毫不讲道理，一旦遇上他们，我就不知道怎么办好了，因为我与人交往的唯一基础是尊严感，与人斗争的唯一武器是讲道理。我不得不相信，在生物谱系图上，我和他们之间隔着无限遥远的距离。

人应该活得真实。真实不在这个世界的某一个地方，而是我们对这个世界的一种态度，是我们终于为自己找到的一种生活信念和准则。

有人打了你的右脸，你就一定要回打他吗？你回打了他，他再回打你，仇仇相生，怨怨相报，何时了结？那打你的人在打你的时候是狭隘的，被胸中的怒气支配了，你又被他激怒，你们就一齐在狭隘中走不出来了。耶稣要你把左脸也送上去，这也许只是一个比喻，意思是要你丝毫不存计较之心，远离狭隘。当你这样做的时候，你已经上升得很高，你真正做了被打的你的肉躯的主人。相反，那计较的人只念着自己被打的右脸，他的心才成了他的右脸的奴隶。我开始相信，在右脸被打后把左脸送上去的姿态也可以是充满尊严的。

在人类的基本价值中，有一项久已被遗忘，它就是高贵。

人生意义取决于灵魂生活的状况。其中，世俗意义即幸福取决于灵魂的丰富，神圣意义即德性取决于灵魂的高贵。

高贵者的特点是极其尊重他人，他的自尊正因此得到了最充分的体现。人的灵魂应该是高贵的，人应该做精神贵族，世上最可恨也最可悲的岂不是那些有钱有势的精神贱民？

大魄力，人情味，二者兼备是难得的。

我相信，骄傲是和才能成正比的。但是，正如大才朴实无华，小才华而不实一样，大骄傲往往谦逊平和，只有小骄傲才露出一副不可一世的傲慢脸相。有巨大优越感的人，必定也有包容万物、宽待众生的胸怀。

骄傲与谦卑未必是反义词。有高贵的骄傲，便是面对他人的权势、财富或任何长处不卑不亢，也有高贵的谦卑，便是不因自己的权势、财富或任何长处傲视他人，它们是相通的。同样，有低贱的骄傲，便是凭借自己的权势、财富或任何长处趾高气扬，也有低贱的谦卑，便是面对他人的权势、财富或任何长处奴颜婢膝，它们也是相通的。真正的对立存在于高贵与低贱之间。

人 性

单纯的人也许傻，复杂的人才会蠢。

人都是崇高一瞬间，平庸一辈子。

你告诉我你厌恶什么，我就告诉你你是什么样的人。

厌恶比爱更加属于一个人的本质。人们在爱的问题上可能自欺，向自己隐瞒利益的动机，或者相反，把道德的激情误认做爱。厌恶却近乎是一种本能，其力量足以冲破一切利益和道德的防线。

世界是大海，每个人是一只容量基本确定的碗，他的幸福便是碗里所盛的海水。我看见许多可怜的小碗在海里拼命翻腾，为的是舀到更多的水，而那为数不多的大碗则很少动作，看去几乎是静止的。

大智者必谦和，大善者必宽容。唯有小智者才咄咄逼人，小善者才斤斤计较。

有两种人最不会陷入琐屑的烦恼，最能够看轻外在的得失。他们似是两个极端：自信者和厌世者。前者知道自己的价值，后者知道世界的无价值。

狂妄者往往有点才气，但无知，因无知而不能正确估量自己这一点才气。这是少年人易犯的毛病，阅历常能把它治愈。

傲慢者却多半是些毫无才气的家伙，不但无知，而且无礼，没有教养。这差不多是一种人格上的缺陷，极难纠正。

每一个人的长处和短处是同一枚钱币的两面，就看你把哪一面翻了出来。换一种说法，就每一个人的潜质而言，本无所谓短长，短长是运用的结果，用得好就是长处，用得不好就成了短处。

事实上，绝大多数人的潜能有太多未被发现和运用。由于环境的逼迫、利益的驱使或自身的懒惰，人们往往过早地定型了，把偶然形成的一条窄缝当成了自己的生命之路，只让潜能中极小一部分从那里释放，绝大部分遭到了弃置。人们是怎样轻慢地亏待自己只有一次的生命啊。

不论电脑怎样升级，我只是用它来写作，它的许多功能均未被开发。我们的生命何尝不是如此？

心理学家们说：首先有欲望，然后才有禁忌。但事情还有另一面：首先有禁忌，然后才有触犯禁忌的欲望。犯禁也是人的一种无意识的本能，在儿童身上即可找出大量例证。

人在失去较差的之时，就去创造较好的。进步是逼出来的。

人是难变的。走遍天涯海角，谁什么样还是什么样，改变的只是场景和角色。

我听到一场辩论：挑选一个人才，人品和才智哪一个更重要？双方各执一端，而有一个论据是相同的。一方说，人品重要，因为才智是可以培养的，人品却难改变。另一方说，才智重要，因为人品是可以培养的，才智却难改变。

其实，人品和才智都是可以改变的，但要有大的改变都很难。

也许，人是很难真正改变的，内核的东西早已形成，只是在不同的场景中呈现不同的形态，场景的变化反而证明了内核的坚固。

人的精力是有限的，有所为就必有所不为，而人与人之间的巨大区别就在于所为所不为的不同取向。

人不由自主地要把自己的困境美化，于是我们有了"怀才不遇"、"红颜薄命"、"大器晚成"、"好事多磨"等说法。

一个仗义施财的人，如果他被窃，仍然会感到不快。这不快不是来自损失本身，而是来自他的损失缺乏一个正当的理由。可见人是一种把理由看得比事情本身更重要的动物。

每个人的个性是一段早已写就的文字，事件则给它打上了重点符号。

人永远是孩子，谁也长不大，有的保留着孩子的心灵，有的保留着孩子的脑筋。谁也不相信自己明天会死，人生的路不知不觉走到了尽头，到头来不是老天真，就是老糊涂。

天性健康者之间容易彼此理解，天性病态者之间往往互相隔膜。原因何在？
套一句托尔斯泰的话——
健康与健康是相似的，病态和病态却各不相同。

悲观出哲学家，忧郁出诗人，我不知道也不想知道烦恼出什么。

理性早熟者的危险是感性发育不良。凡别人必须凭情感和经验体会的东西，他凭理性就理解了。于是就略去了感性的过程，久而久之，感性机能因为得不到运用而萎缩了。

我倾向于认为，一个人的悟性是天生的，有就是有，没有就是没有，它可以被唤醒，但无法从外面灌输进去。关于这一点，我的一位朋友有一种十分巧妙的说法，大意是：在生命的轮回中，每一个人仿佛在前世修到了一定的年级，因此不同的人投胎到这个世界上来的时候已经是站在不同的起点上了。已经达到大学程度的人，你无法让他安于读小学，就像只具备小学程度的人，你无法让他胜任上大学一样。当然，这个说法仅仅是一种譬喻。

上帝赋予每个人的能力的总量也许是一个常数，一个人在某一方面过了头，必在另一方面有欠缺。因此，一个通常意义上的弱智儿往往是某个非常方面的天才。也因此，并不存在完全的弱智儿，就像并不存在完全的超常儿一样。

假如你平白无故地每月给某人一笔惠赠，开始时他会惊讶，渐渐地，他习惯了，视为当然了。然后，有一回，你减少了惠赠的数目，他会怎么样呢？他会怨恨你。

假如你平白无故地每月向某人敲一笔竹杠，开始时他会气愤，渐渐地，他也习惯了，视为当然了。然后，有一回，你减少了勒索的数目，他会怎么样呢？他会感激你。

这个例子说明了人类感激和怨恨的全部心理学。

一个幼儿摔倒在地，自己爬了起来。他突然看见妈妈，就重新摆出摔倒的姿势，放声大哭。

我们成年人何尝不是如此。试想种种强烈的情绪，愤怒或痛苦的姿态，如果没有观众在场，其中有多少能坚持下去？

人　生

　　人生中有些事情很小，但可能给我们造成很大的烦恼，因为离得太近。人生中有些经历很重大，但我们当时并不觉得，也因为离得太近。距离太近时，小事也会显得很大，使得大事反而显不出大了。隔开一定距离，事物的大小就显出来了。

　　事过境迁，当我们回头看走过的路时便会发现，人生中真正重要的事情是不多的，它们奠定了我们的人生之路的基本走向，而其余的事情不过是路边的一些令人愉快或不愉快的小景物罢了。

　　人生中一切美好的时刻，我们都无法留住。人人都生活在流变中，人人的生活都是流变。那么，一个人的生活是否精彩，就并不在于他留住了多少珍宝，而在于他有过多少想留而留不住的美好的时刻，正是这些时刻组成了他的生活中的流动的盛宴。留不住当然是悲哀，从来没有想留住的珍宝却是更大的悲哀。

　　人在世界上行走，在时间中行走，无可奈何地迷失在自己的行走之中。他无法把家乡的泉井带到异乡，把童年的彩霞带到今天，把十八岁生日的烛光带到四十岁的生日。不过，那不能带走的东西未必就永远丢失了。也许他所珍惜的所有往事都藏在某个人迹不至的地方，在一个意想不到的时刻，其中一件或另一件会突然向他显现，就像从前的某一片烛光突然在记忆的夜空中闪亮。

活着为了寻求意义，而寻求意义又是为了觉得自己是在有意义地活着。即使我们所寻求的一切高于生存的目标到头来是虚幻的，寻求本身就使我们感到生存是有意义的，从而能够充满信心地活下去。

人活得太糊涂是可怜的，活得太清醒又是可怕的，好在世上多数人都是处在这两端之间。

在这个世界上，一个人重感情就难免会软弱，求完美就难免有遗憾。也许，宽容自己这一点软弱，我们就能坚持；接受人生这一点遗憾，我们就能平静。

我不相信一切所谓人生导师。在这个没有上帝的世界上，谁敢说自己已经贯通一切歧路和绝境，因而不再困惑，也不再需要寻找了？

敏感与迟钝殊途同归。前者对人生看得太透，后者对人生看得太浅，两者得出相同的结论：人生没有意思。

要活得有意思，应该在敏感与迟钝之间。

凡活着的人，谁也摆脱不了人生这个大梦。即使看破人生，皈依佛门，那灭绝苦乐的涅槃境界仍是一个梦。不过，能够明白这一点，不以觉者自居，也就算得上是觉者了。

对于少数人来说，人生始终是一个问题。对于多数人来说，一生中有的时候会觉得人生是一个问题。对于另一些少数人来说，人生从来不是一个问题。

人是唯一能追问自身存在之意义的动物。这是人的伟大之处，也是人的悲壮之处。

也许，意义永远是不确定的。寻求生命的意义，所贵者不在意义本身，而在寻求，意义就寓于寻求的过程之中。我们读英雄探宝的故事，吸引我们的并不是最后找到的宝物，而是探宝途中惊心动魄的历险情境。寻求意义就是一次精神探宝。

即使我们所寻求的一切高于生存的目标到头来是虚幻的，寻求本身就使我们感到生存是有意义的，从而能够充满信心地活下去。

要解决个人生存的意义问题，就必须寻求个人与某种超越个人的整体之间的统一，寻求大我与小我、有限与无限的统一，无论何种人生哲学都不能例外。区别只在于，那个用来赋予个人生存以意义的整体是不同的。例如，它可以是自然（庄子，斯宾诺莎），社会（孔子，马克思），神（柏拉图，基督教）。如果不承认有这样的整体，就会走向悲观主义（佛教）。

"万物归一，一归何处？"

发问者看到的是一幅多么绝望的景象：那初始者、至高者、造物主、上帝也是一个流浪者！

在具体的人生中，每一个人对于意义问题的真实答案很可能不是来自他的理论思考，而是来自他的生活实践，具有事实的单纯性。

为什么活着？由于生命本身并无目的，这个问题必然会悄悄转化为另一个问题：怎样活着？我们为生命设置的目的，包括上帝、艺术、事业、爱情等等，实际上都只是我们用以度过无目的的生命的手段而已，而生命本身则成了目的。

应该怎么生活？这是一个会令一切智者狼狈的问题。也许，一个人能够明白不应该怎么生活，他就可以算得上是一个智者了。

人生中的大问题都是没有答案的，但是，唯有思考这些问题的人才可能真正拥有自己的生活信念和生活准则。

人生意义问题是一切人生思考的总题目和潜台词，因为它的无所不包和无处不在，我们就始终在回答它又始终不能给出一个最后的答案。

人生是一场无结果的试验。因为无结果，所以怎样试验都无妨。也因为无结果，所以怎样试验都不踏实。

对于人生，我们无法想得太多太远。那越过界限的思绪终于惘然不知所之，不得不收回来，满足于知道自己此刻还活着，对于今天和明天的时光作些实际的安排。

目的只是手段，过程才是目的。对过程不感兴趣的人，是不会有生存的乐趣的。

我相信，每个正常的人内心深处都有一点悲观主义，一生中有些时候难免会受人生虚无的飘忽感的侵袭。区别在于，有的人被悲观主义的阴影笼罩住了，失却了行动的力量，有的人则以行动抵御悲观主义，为生命争得了或大或小的地盘。悲观主义在理论上是驳不倒的，但生命的实践能消除它的毒害。

执著是惑，悲观何尝不是惑？因为看破红尘而绝望、厌世乃至轻生，骨子里还是太执著，看不破，把红尘看得太重。这就好像一个热恋者急忙逃离不爱他的心上人一样。真正的悟者则能够从看破红尘获得一种眼光和睿智，使他身在红尘也不被红尘所惑，入世仍保持着超脱的心境。假定他是那个热恋者，那么现在他已经从热恋中解脱出来，对于不爱他的心上人既非苦苦纠缠，亦非远远躲避，而是可以平静地和她见面了。

在无穷岁月中，王朝更替只是过眼烟云，千秋功业只是断碑残铭。此种认识，既可开阔胸怀，造就豪杰，也可消沉意志，培育弱者。看破红尘的后果是因人而异的。